géologie du népal
ouest du népal
himalaya

carte géologique du népal
au 1/506 880

j. m. remy

1975

geology of nepal
west of nepal
himalaya

Editions du Centre National de la Recherche Scientifique
15, quai Anatole-France — 75700 Paris

© Centre National de la Recherche Scientifique — Paris 1976
ISBN 2-222-01862-5

TABLE DES MATIÈRES / CONTENTS

Géologie du Népal (texte français p 5 à 32)

Geology of Nepal (english text p 33 à 62)

géologie du népal
ouest du népal
himalaya

TABLE DES MATIÈRES

	Pages
INTRODUCTION	9
HISTORIQUE	11
ÉTUDE GÉOLOGIQUE	13

LITHOSTRATIGRAPHIE.

I – Les séries népalaises	13
A – Série quartzo-pélitique	13
B – Série des quartzites	14
C – Série des schistes gris et des calcaires et dolomies	14
D – Série des schistes rouges et des calcaires et dolomies	15
E – Série des schistes charbonneux et série gréso-carbonatée supérieure	15
a) Série des schistes charbonneux	16
b) Série gréso-carbonatée	16
Les séries népalaises dans la zone Nord	16
II – La série de Salyane	16
III – Les séries de la nappe du Népal	17
A) La série schisteuse de Dullu	17
B) La série quartzeuse	17
C) La série calcaire	18
D) La série des gneiss	18
La nappe du Népal dans la région de Katmandou	18
La nappe du Népal dans la région de Charikot	19
IV – La série Tibétaine	19
A) Série de base	19
B) Série supérieure	19
V – Série de faciès Gondwana	20
VI – Série tertiaire	21
VII – Série des Siwaliks	22
VIII – Le Quaternaire	22

AGE DES SERIES 22

METAMORPHISME ET MIGMATISATION 23

a) Métamorphisme	23
b) Migmatisation	24

	Pages
GRANITES	24
MAGMATISME BASIQUE	25
CARACTERES STRUCTURAUX	25
A) La zone des Séries Népalaises	25
B) La nappe du Népal	26
Structure de la nappe du Népal	27
Domaine d'origine de la nappe	27
C) La zone des Séries Tibétaines	27
D) Les bassins tertiaires	28
STRUCTURE DE LA CHAINE	28
BIBLIOGRAPHIE/BIBLIOGRAPHY	59

INTRODUCTION

L'étude géologique de l'Ouest du Népal a été effectuée de 1963 à 1971 au cours de missions du Centre National de la Recherche Scientifique, attribuées à titre personnel pour les premières, puis dans le cadre des Recherches Coopératives sur Programme n° 253.

La carte publiée est le résultat de levés nouveaux effectués dans toutes les régions de l'Ouest du Népal, elle complète et précise la carte publiée antérieurement, J.M. Remy 1972c.

Pour certaines régions limitées nous avons utilisé divers documents.

a) Régions sédimentaires du domaine tibétain.

Pour la région de la Takkhola, nous avons repris les levés effectués par l'équipe P. Bordet, M. Colchen, D. Krummenacher, R. Mouterde, P. Lefort, J.M. Remy, publiés dans : Esquisse géologique de la Takkhola, Népal central, 1/70000, édit. CNRS 1968.

Pour la région de la Marsyandi, nous avons adopté les contours figurant sur la carte Nii Syang. 1/70000 édit. CNRS 1971 établie par P. Bordet, M. Colchen, P. Lefort au cours des missions 1968, 1970.

Pour le Dolpo, nous avons tenu compte pour la région Est de la carte de G. Fuchs : Geologische Karte von Dolpo und Dhaula Himal. Ostereichische Akad. Wiss. Bd 113 Wien 1967 et, pour l'Ouest, de la carte du Népal au 1/4000000 par T. Hagen 1959.

b) Autres régions.

Pour la région au Nord de Pokhara, nous avons utilisé les levés en cours de A. Pêcher.

Pour les régions limitées que nous n'avons pu étudier, nous avons repris les contours de : Carte du Népal au 1/4000000 de T. Hagen 1959, de la carte générale : Geological Map of the Himalayas 1/2000000, A. Gansser 1964, édit. Interscience, et de : Geological Map of the Nepal. Sharma. 1972.

La cartographie du Kumaon (Inde) a été puisée principalement dans les diverses cartes publiées par Valdiya et al., 1962-1963 et dans les cartes du Geological Survey of India.

HISTORIQUE DES ÉTUDES GÉOLOGIQUES DANS L'OUEST DU NÉPAL

Les études géologiques antérieures à ce mémoire sont les suivantes :

H.B.N. Medlicott 1875, donne une description sommaire de la région de Katmandou et de la Trisuli. J.B. Auden 1935, propose une interprétation de cette même région ainsi que de l'Est du Népal. A. Heim, A. Gansser, 1939, effectuent une étude très précise du Kumaon indien c'est-à-dire de la région qui longe la frontière occidentale du Népal.

Ainsi tout l'Ouest du Népal qui s'étend entre le Kumaon indien et la région de Katmandou reste inconnu jusqu'en 1950.

A cette date, à la faveur de l'expédition française à l'Annapurna (1950) M. Ichac, P. Pruvost 1951, signalent la présence des formations tibétaines en Takhhola et donnent la première coupe géologique de cette région et de la Kali Gandaki.

Puis T. Hagen pendant dix ans va parcourir l'ensemble du Népal et fournir les premières indications sur la constitution géologique de l'Ouest de ce pays. Les résultats sont exposés dans les publications de 1952, 1954, 1956, 1959a, b, 1969.

Quelques études sont aussi faites durant cette période. S. Hashimoto 1959, étudie un itinéraire effectué en 1955, allant de Katmandou au Manaslu. P. Bordet 1961 p. 213-216 donne une description de la région de Pokhara, de la Kali Gandaki et de la Takhhola parcourues en 1957 et de la région de Katmandou, P. Bordet 1959-1960. C.G. Egeler, N.A. Bondenhausen, T. de Booy, H.J. Nighuis 1964, publient les résultats obtenus en 1962 dans la Takhhola (série tibétaine) où ils signalent la présence de graptolites dans les schistes noirs ce qui fixe l'âge silurien de cette formation.

Enfin en 1963, une étude détaillée de la Kali Gandaki et de la Takhhola est effectuée et une carte établie au 1/75 000 par P. Bordet, D. Krummenacher, R. Mouterde, J.M. Remy 1964a, b, c, d, et 1968, 1971. Cette carte fut complétée ultérieurement dans sa partie sud par P. Bordet, M. Colchen, P. Le Fort, M. Mouterde.

Pendant la même période G. Fuchs 1964, 1967, étudie les séries tibétaines du Dolpo (Ouest de la Takhhola).

A ce stade des études, A. Gansser 1964, et D. Valdiya 1964, font un exposé général des connaissances concernant le Népal. Les séries tibétaines sont alors bien localisées dans leurs affleurements et connues dans leur stratigraphie et leur structure, par contre, les formations népalaises qui couvrent cependant les trois quart du pays restent ininterprétables dans leur structure par l'absence de tout contrôle lithostratigraphique.

Aussi à partir de cette époque, les travaux sur le Népal vont se spécialiser.

Une série d'études poursuit, précise, et étend à de nouvelles régions les données acquises dans les séries tibétaines de la Takhhola et du Dolpo. Ainsi P. Bordet, M. Colchen, P. Le Fort, 1968, 1971, étudient le Niy Shang, Marsyandi dont une carte est établie.

A.C. Waltham 1972 décrit la base des séries tibétaines.

Une autre série d'études s'intéresse aux formations népalaises.

J.M. Remy 1966-1967 établit la lithostratigraphie pour toutes les régions comprises entre la Trisuli et Piuthan et signale la présence de bassins tertiaires à l'intérieur de la chaine (Tensing)

S. Saho, T. Ishida, M. Masuda, O. Watanobe, M. Fushini, 1968, publient en japonais leurs observations dans le Népal central.

C.K. Sharma 1969, publie une carte géologique au 1/1 408 000 du Népal et sa notice.

G. Fuchs, N. Franks 1970, 1971, décrivent divers itinéraires entre la Kali Gandaki et la Thulo Beri. Ils découvrent de nouveaux affleurements tertiaires dans la chaîne.

J.M. Remy 1971 a, b, c, 1972, expose les résultats des missions effectuées dans l'Ouest du Népal entre 1965 et 1971, et publie une carte géologique de l'Ouest du Népal entre 80° 30 et 86 Long. E. Puis diverses études sont faites sur la région de Salyane et Dailek. J.M. Remy 1973 a, b.

S. Hashimoto et son équipe, 1973, à la suite de diverses missions, publient une étude géologique du Népal.

ÉTUDE GÉOLOGIQUE

La chaine himalayenne affleure sur environ 600 km d'Est en Ouest et 150 km du Nord au Sud dans l'Ouest du Népal.

Elle est constituée par plusieurs unités lithostratigraphiques et tectoniques qui sont : les séries népalaises, la série de Salyane, la série de la nappe du Népal, les séries tibétaines, les formations tertiaires, les Siwaliks.

LITHOSTRATIGRAPHIE

I — LES SERIES NEPALAISES :

Elles affleurent très largement dans toute la partie moyenne du Népal. Elles représentent la formation la plus inférieure de la chaîne. On observe de bas en haut : fig. 1, 2. —

A — Série quartzo-pélitique

Base inconnue, épaisseur supérieure à 3000 m. Il s'agit d'un ensemble très puissant de schistes quartzeux, contenant du quartz en grains anguleux, où le ciment phylliteux est toujours très peu abondant et souvent presque inexistant. Ces schistes forment des passées massives, épaisses de plusieurs centaines de mètres, dépourvues d'une disposition en bancs et où n'existe aucun repère lithostratigraphique. Localement, et assez rarement, on observe des passées plus phylliteuses épaisses de 100 m ou plus, où apparaît une sédimentation cyclique marquée par une variation de la quantité et de la granulométrie des grains de quartz par rapport aux phyllites. Chacun de ces cycles, qui introduit une polarité dans la roche, a une puissance souvent voisine du mètre, soit une épaisseur supérieure à ce que l'on observe dans les séries schisteuses liées aux formations surincombantes dont il est parlé plus loin.

Dans cette série très monotone apparaissent quelques intercalations dont la puissance représente au maximum le dixième de l'épaisseur totale. Ces intercalations ne constituent pas des niveaux continus mais seulement des lentilles dont l'extension peut atteindre 10 à 30 km. Elles comprennent :

a) de très rares niveaux de 10 à 50 m d'épaisseur, de calcaires ou de dolomies.

b) des niveaux plus fréquents, épais de 100 m ou plus de schistes quartzeux ou de quartzites à ciment pélitique contenant des fragments anguleux de quartzite.

c) des barres de quartzites blancs ou clairs, épaisses de 10 à 100 m dont certaines contiennent des horizons à galets de 1 à 5 cm de quartz ou des galets de quartzites de quelques millimètres. Il y a parfois des stratifications entrecroisées ou d'autres caractères de polarité.

d) enfin, il existe quelques niveaux lenticulaires, peu épais, de schistes très chloriteux et d'amplibolite représentant d'anciennes roches magmatiques ou du matériel volcano-sédimentaire basique.

Sur la base de ces divers niveaux et intercalations, on peut établir la présence de plusieurs compartiments de sédimentation disposés d'Est en Ouest parallèlement à l'axe de la chaîne et limitées actuellement par des failles N – S perpendiculaires à cet axe. Il n'est pas impossible que ces failles aient pu fonctionner une première fois durant la sédimentation, suivant un processus bien connu, puis jouer à nouveau au cours des phases diverses de formation de la chaîne jusqu'aux périodes les plus tardives.

Enfin, le métamorphisme affecte la totalité de cette série ; il est caractérisé, dans son degré le plus intense par l'association muscovite-biotite-grenat almandin.

Certaines régions présentent un métamorphisme moins intense à chlorite, séricite.

Remarques concernant la région du Hiunchuli :

Dans cette région, la série quartzo-pélitique devient plus carbonatée et prend fréquemment une coloration rouge due aux oxydes de fer.

D'autres particularités lithologiques sont aussi à signaler. Nous attribuons ces différences à une variation de faciès, sans pouvoir exclure totalement la possibilité d'une série particulière dans cette région.

Le métamorphisme est à muscovite-biotite-grenat.

B – Série des quartzites

L'épaisseur totale est généralement de 500 m ; elle peut devenir localement plus importante. La moitié de la série est constituée par des barres massives, épaisses de 50 à 100 m ou plus, de quartzites blancs ou clairs à grains très fins, intercalés dans des schistes quartzo-pélitiques. Ces barres de quartzite ne constituent pas un niveau continu d'égale épaisseur qui se poursuivrait à travers tout le Népal ; mais des lentilles de plusieurs dizaines de kilomètres et pouvant atteindre 100 km de longueur.

Localement, les quartzites passent à des roches detritiques diverses, à des leptynites, à des gneiss.

En plus, on observe quelques niveaux d'amplibolite.

On remarquera que ce n'est pas toujours le même type de roche qui constitue le banc le plus inférieur de la série ; ce fait trouve généralement une explication d'ordre tectonique, mais quelques cas peuvent indiquer la présence d'une légère discordance locale.

Le métamorphisme montre le même degré que dans la série quartzo-pélitique.

C – Série des schistes gris et des calcaires et dolomies

Il s'agit d'une série épaisse d'environ 1 500 m formée de schistes où s'intercalent de puissantes passées de calcaire dolomitique et de dolomie, et, d'une façon très subordonnée, des niveaux épais de quelques mètres de quartzite rose, vert ou noir, disposés sans ordre apparent.

Les schistes ont pour caractéristique de présenter des cycles de sédimentation à quartz-phyllites et l'épaisseur de chaque cycle est de 10 – 25 cm, donc plus réduite que dans la série quartzo-pélitique. Mais surtout les schistes montrent un enrichissement progressif en calcite. On observe des plages isolées de calcite dispersées dans la matrice des schistes, puis l'apparition de petits agglomérats de calcite en lentilles allongés, donnant des schistes troués et, enfin, de petits lits continus, épais de quelques millimètres de calcite, interstratifiés dans les schistes.

Cet enrichissement progressif est interrompu régulièrement par des récurrences de schistes quartzopélitiques normaux. Vers le haut, des matières charbonneuses envahissent les roches. Par endroits, principalement près de la base des barres carbonatées dont on va parler, on peut observer des niveaux de quelques centimètres à quelques mètres, très riches en matières charbonneuses, ce qui donne à la roche un aspect pulvérulent. Ces divers caractères de sédimentation confèrent à l'ensemble une polarité.

Dans cette série, principalement dans les deux tiers supérieurs, s'insèrent des barres carbonatées, épaisses souvent de plus de 100 m, où l'on peut distinguer :

1 – à la base, de nombreuses barres massives et épaisses de plusieurs dizaines de mètres, avec intercalations schisteuses peu puissantes, de calcaire et calcaire dolomitique plus ou moins quartzeux, brun et massif à la base, et devenant bleu, parfois bandé bleu et blanc vers le haut.

En outre, dans certaines localités il existe près de la base de la série, des intercalations calcaires montrant des structures stromatolitiques de type Collenia, ces structures ont couramment 20 à 30 cm de diamètre et forment des empilements de plusieurs mètres de haut.

2 – Puis viennent plusieurs récurrences de schistes, alternant avec des barres de dolomie quartzeuse où se multiplient des horizons de chert siliceux.

3 – Les niveaux les plus élevés sont formés d'une dolomie quartzeuse rose ou blanche.

D'une façon générale, suivant les régions, le nombre et l'épaisseur des intercalations carbonatées apparaît variable, la puissance totale peut dépasser 500 m et elle est toujours supérieure à 200 m ; elle représente au minimum le tiers de la série.

Il est certain que ces intercalations ne constituent pas des niveaux continus mais une succession de lentilles dont certaines ont cependant 100 km de développement.

Le métamorphisme est à phlogopite ou à biotite-grenat.

D – Série des schistes rouges et des calcaires et dolomies

Au-dessus, on peut individualiser une succession de schistes et dolomies.

Les schistes sont caractérisés par une coloration rouge, lie de vin, due au développement d'une pigmentation ferrugineuse dans la matrice fine quartzeuse ou carbonatée des schistes ; ils contiennent des grains de quartz détritiques anguleux ou peu émoussés, des fragments de quartzite, de la calcite en plages isolées ou en feuillets fins, souvent nombreux et pouvant représenter le tiers de la roche, des matières charbonneuses dispersées dans la roche ou rassemblées en horizons pulvérulents.

Il existe, semble-t-il, vers la base et parfois plus haut dans la série, en intercalations dans les schistes, quelques bancs peu épais (quelques mètres) de quartzite à grains grossiers, rosé ou vert, à ripple marks fréquents et parfois à stratification entrecroisée.

Les dolomies contenues dans les schistes présentent des épaisseurs variables suivant les régions ; elles sont particulièrement épaisses dans la région de la Kali-Gandaki. A la base il s'agit de dolomies très quartzeuses à gros grains de quartz, elles montrent des figures de courant, elles sont disposées en bancs épais de 10 à 50 m avec des intercalations de schistes (total 200 m).

Vers le haut des bancs de dolomie diminuent d'épaisseur jusqu'à atteindre 10 et 50 cm (total 100 m) Les intercalations schisteuses sont plus importantes et présentent la coloration rouge la plus intense. Puis apparaissent des bancs de dolomie rose et blanche contenant peu ou pas de quartz (total 200 m).

Dans certaines localités, les niveaux supérieurs contiennent des Collenia, dont le diamètre est très inférieur à celui des mêmes structures trouvées dans les niveaux carbonatés inférieurs associés aux schistes gris. On observe aussi des niveaux de brèches intraformationnelles. L'ensemble de cette série n'est pas représentée dans tout le Népal, elle doit être localisée à des bassins limités.

Au point de vue du métamorphisme celui-ci apparaît d'un degré plus faible que dans les formations précédentes. La biotite est cependant partout présente dans les schistes, la phlogopite dans les niveaux carbonatés.

B – Série des schistes charbonneux et série gréso-carbonatée supérieure

Les limites des affleurements de la série des schistes charbonneux et de la série gréso-carbonatée supérieure qui lui est superposée, n'ont pas encore été repérés partout sur le terrain ; pour cette raison un figuré particulier n'est pas utilisé pour la représentation sur la carte. Nous dirons seulement que, lorsqu'on observe sur la carte la présence d'une formation épaisse au-dessus de la série des calcaires et dolomies, on rencontre habituellement la série des schistes charbonneux; la série gréso-carbonatée supérieure, quant à elle, ne sera rencontrée qu'à l'Ouest de la Kali Gandaki.

a) Série des schistes charbonneux :

Elle est localisée dans certaines régions, cours inférieur d'Ouest en Est de la Kali Gandaki, cours de la Bari Khola. Lukum Khola, de la Beri Khola, entre Rukum et Jajarkot, région de Piuthan. Il est possible que l'extension originelle soit limitée et qu'elle soit due à des dépôts restreints à des bassins jointifs ou séparés. La présence d'une discordance angulaire faible, à la base est admise par l'auteur.

L'épaisseur de la série est au minimum de 1 000 m, elle peut être parfois plus importante, en particulier dans la région de Piuthan.

Les schistes sont formés d'une matrice de quartz (environ 20 % de la roche) extrêmement fin et de minéraux phylliteux ; la calcite est rare. Ils sont chargés de matières charbonneuses particulièrement abondantes dans certains niveaux. Une stratification vague peut apparaître mais souvent les schistes sont massifs sans débit en bancs.

Les intercalations dont l'importance est régionale, sont de nature variée. Elles sont très peu nombreuses D'une façon générale, on peut observer près de la base, un niveau de quartzite grossier brun ou grenat à ciment phylliteux, et dans toute la série, liés aux passées les plus charbonneuses des schistes, des bancs métriques de microgrès à grains de quartz parfaitement arrondis.

Il existe aussi plusieurs niveaux lenticulaires peu épais (10 à 30 m) dont l'extension atteint au maximum la dizaine de kilomètres, de grès grossiers à pigment ferrugineux, de grès à ciment calcaire, souvent verdâtres, de calcaires dolomitiques et de dolomies.

Sous le rapport du métamorphisme, la partie supérieure de la série n'est pas atteinte par cette transformation, ou présente localement un faible degré ; la biotite apparaît vers la base de la série. Cette répartition des zones de métamorphisme est bien vérifiée dans la région de Piuthan.

b) Série gréso-carbonatée :

Elle repose en discordance angulaire faible sur les formations sous-jacentes. Elle comprend des schistes charbonneux (200 m environ) contenant de nombreuses intercalations où figurent des calcaires colorés souvent vacuolaires, disposées en petits bancs, des grès clairs calcareux, des calcaires et dolomies bréchiques. Elle forme des synclinaux par exemple entre Piuthan et l'Ouest de Galkot, dans la Kali Gandaki, dans la Beri Khola où les roches sont pincées tectoniquement dans la zone des calcaires et dolomies.

Remarque :
Les séries népalaises dans la zone Nord.

Les formations supérieures à la série quartzo pélitique sont moins épaisses qu'au Sud, les quartzites sont localement remplacés par d'autres roches détritiques, leptynite, gneiss provenant d'arènes granitiques. Les calcaires et dolomies sont moins épais. Les amphibolites et les sills de roches basiques plus fréquents. Enfin les formations sont souvent d'extension limitée et lenticulaires, elles présentent en outre un écaillage d'origine tectonique.

II — LA SERIE DE SALYANE :

Elle affleure dans une région limitée dont les dimensions sont sensiblement de 25 x 30 km. Elle est entourée par la Nappe du Népal, mais au Sud elle est bordée par la formation fossilifère tertiaire.

Elle comprend : une série inférieure de schistes gris noirs à biotite, plus ou moins fins, contenant trois barres de quartzite clair (épaisseur 300 m). Un conglomérat de 2 m de puissance, tillitoïde, à blocs arrondis de quartzite et de dolomie, et à blocs anguleux ou peu arrondis de schistes noirs à biotite, de gneiss fins et de microgranite. Une série de schistes quartzeux fins à biotite (épaisseur 400 m).

Une série supérieure montre des schistes quartzeux fins à muscovite et biotite (épaisseur 1 000 m) contenant trois barres principales de quartzite. Puis une série de schistes qui passent à des calcaires en gros bancs d'épaisseur variée, constituant deux barres principales (épaisseur 200 à 400 m).

Des schistes quartzeux gris très fins (épaisseur 600 m) contenant deux niveaux principaux de quartzite à galets de quartz et, plus haut, un niveau conglomératique, tillitoïde de 2 m d'épaisseur à galets non calibrés de 1 à 20 cm de calcaire à grains fins et de schistes métamorphiques très fins à muscovite-biotite. Enfin des schistes quartzeux gris ou noirs (400 m).

Cette série est classée à part à cause de la présence de conglomérats de type tillitoïde. Une corrélation peut être établie avec d'autres formations himalayennes, par exemple avec les séries de Blaini-Krol-Tal, telles qu'elles ont été décrites dans la région de Simla (500 km à l'Ouest de Salyane).

Mais au Népal, l'existence de conglomérats au-dessus des calcaires constitue une différence importante, et celle-ci ne peut être attribuée au fait que les séries sont plissées et renversées, car aucun critère de polarité ne permet de leur attribuer ce caractère. Aussi, il est possible que seule la série de Blaini soit représentée à Salyane. Celle-ci dans sa localité type montre deux niveaux de conglomérat, l'un polygénique, l'autre à galets essentiellement calcaire, séparés par un banc de calcaire. Au Népal, on constaterait les différences suivantes :

— la série est beaucoup plus épaisse, en particulier le niveau calcaire,

— les conglomérats contiennent des blocs de roches grenues acides et métamorphiques qui manquent au Kumaon : par contre, dans les deux régions on note l'absence de galets de roches éruptives basiques,

— enfin la totalité de la formation de Salyane est métamorphique (paragénèse à biotite-ablite).

III — LES SERIES DE LA NAPPE DU NEPAL :

Elles sont très développées dans l'extrême Ouest du Népal, absentes dans la région centrale, elles réapparaissent à l'Est dans la nappe de Kathmandu. Elles se décomposent suivant la succession chronostratigraphique estimée, de la façon suivante : fig. 3.

A — La série schisteuse de Dullu

Elle est localisée au Sud de la chaîne autour de Dullu, entre Dailek et la Seti Khola. Elle comprend des schistes gris, fins, à muscovite, biotite, grenat, matières charbonneuses ; quelques rares bancs peu épais, lenticulaires, de quartzite et d'amplibolite. L'épaisseur totale est supérieure à 2 000 m. Cette formation est remarquable par la présence en certaines localités, d'échappement de gaz et de suintement de pétrole qui jalonnent des failles ONO-ESE. Une corrélation avec d'autres formations telles que la série quartzo-pélitique, ou la série de schistes charbonneux des séries népalaises ne peut être prouvée, aussi nous pensons que cette unité représente une formation particulière à la nappe du Népal.

Diverses séries dont la lithologie est particulière ont été signalées à Ranimata, Karnali, Katila Khola et Dailek. L'extension limitée des affleurements rend l'interprétation incertaine. Il est possible qu'il s'agisse de divers fragments de la nappe, inférieurs à l'unité de Dullu. J.M. Remy 1973, b.

B — La série quartzeuse :

Elle comprend à la base des quartzites en bancs peu épais (50 m), suivis par des quartzites schisteux en plaquettes et des schistes quartzeux et micaschistes. Il peut exister quelques barres de calcaire dans la partie supérieure et, à divers niveaux, quelques passées lenticulaires d'amphibolite.

Dans l'Ouest certains niveaux de quartzite passent à des gneiss. L'épaisseur est en moyenne de 2 000 m. Cette série a une très grande extension, elle affleure près de Dailek, elle se poursuit dans la région de Jajarkat, Salyane, puis dans la chaine de Jaljala avec une puissance variable.

c) La série calcaire :

Il s'agit d'une puissante formation carbonatée comprenant des calcaires dolomitiques à quartz, des schistes calcareux à phlogopite, des schistes à lentilles calcaires.

Dans l'Est (chaîne de Jaljala) on observe une seule barre calcaire, la série a environ 2 100 m d'épaisseur.

Dans l'Ouest (région de la Karnali) la série devient plus puissante, il existe deux barres calcaires principales de plusieurs centaines de mètres d'épaisseur. Le diopside apparait.

Plus à l'Ouest encore, l'extension est encore imprécise, les diverses lentilles calcareuses métamorphiques observées dans la Seti Khola, au Sud de Dandelhura et jusqu'au Kumaon, sont rapportées à cette formation.

L'ensemble de la série est métamorphisée dans le faciès amphibolite.

D – La série des gneiss :

On y observe :

a) une alternance de gneiss riches en biotite et de micaschistes à muscovite, biotite, almandin, les gneiss représentent près du quart de la formation. Vers le haut, la série devient plus quartzo-feldspathique, certains niveaux de gneiss clairs sont à quartz, microcline, albite, muscovite, quelques biotites, tourmaline. La migmatisation affecte la série. Elle atteint localement les faciès nébulitiques et les roches présentent une structure grenue. On observe aussi des injections concordantes de pegmatites.

L'épaisseur est inférieure à 1 000 m.

b) plusieurs niveaux de quelques mètres de conglomérats à blocs de quartz de 10 cm de diamètre ou plus petits, pris dans une matrice abondante de quartz, feldspath, muscovite, biotite (Odan).

c) une barre de 300 m de quartzite pur, blanc, en bancs métriques ou plus petits.

d) une série de gneiss foncés à biotite et des micaschistes, quelques rares niveaus métriques de quartzites blancs, et deux passées principales de gneiss clair à muscovite, biotite, de plusieurs centaines de mètres. La migmatisation affecte la série.

e) une série de micaschistes à muscovite, biotite, de micaschistes quartzeux, foncés, disposés en plaquettes, des schistes fins à muscovite-biotite, des niveaux de gneiss foncés riches en biotite.

On observe aussi quelques niveaux de schistes calciteux troués, de très rares bancs de quelques mètres de calcaires métamorphiques et de quartzite gris.

L'épaisseur est supérieure à 3 000 m.

La série des gneiss s'étend vers l'Est dans la Takurji Lekh, en direction du Chakhure Lekh où se trouve la limite Est de la nappe, vers l'Ouest elle se poursuit à travers la Tila Khola, Karnali, Buriganga, puis les régions de Silgarhi Doti et Dandeldhura, elle se prolonge au Kumaon (Inde) par la formation stratoïde des granodiorites (Plagioclase An40 ou An30, albite, feldspath K, biotite) de Champawat, puis plus loin encore.

En relation avec cet ensemble et sans doute au-dessus, on observe une série dont la lithostratigraphie reste imprécise. On y remarque des micaschistes à muscovite, biotite, grenat ; quelques niveaux de gneiss foncés riches en biotite ; des micaschistes quartzeux, foncés disposés en plaquettes ; des schistes fins à biotite, muscovite ; quelques intercalations de schistes calciteux troués ; de très rares bancs, peu épais de calcaires métamorphiques ; quelques barres d'une vingtaine de mètres de quartzite gris, des amphibolites.

La nappe du Népal dans la région de Katmandou :

Dans la région de Katmandou, la nappe du Népal montre une succession analogue à celle qui est présente dans la nappe Ouest, c'est-à-dire : une série de quartzite coloré en petits bancs et de schistes quartzeux à biotite-grenat (épaisseur 500 m). Puis un granite dont la disposition générale est de type stratoïde, bien que localement à son bord Sud, les contacts soient de type intrusif. Sur ce granite repose une série à prédominance schisteuse, puis calcaro-dolomitique, au sommet on observe une récurrence schisteuse. L'ensemble de la série est métamorphique, muscovite, biotite, ou phlogopite, almandin sont présents partout, la sillimanite apparaît dans certains niveaux ainsi que le disthène.

C'est au contact de cette série que, dans un compartiment effondré, est localisée la série de Godawari-Phulchauki, les contacts tectoniques avec la nappe effacent les relations originelles entre ces deux formations.

La série de Godawri-Phulchauki est schisto-calcaire, elle est fossilifère, la faune d'âge paléozoïque inférieure (Ordovicien à Devonien supérieur) est différente de celle des séries tibétaines de même âge.

Au Nord de Katmandou, les formations sont encore peu connues, nous les rapportons provisoirement à la nappe du Népal.

La nappe du Népal dans la région de Charikot.

La lithostratigraphie de cette formation n'est pas encore parfaitement établie, cependant d'après les observations que nous y avons faites, nous pensons pouvoir rapporter cette formation à la nappe du Népal.

IV — LA SERIE TIBETAINE :

On y observe la succession suivante ayant une valeur générale pour tout l'Ouest du Népal. Fig. 4, 5, 6.

A — Série de base (Dalle du Tibet) — Elle comprend :

1 — Gneiss (paragneiss) à grains grossiers, à plagioclase An8 — 20, orthose perthite, biotite brune, muscovite, almandin. Il existe des niveaux à disthène ; en outre, quelques passées plus pélitiques proches de la base contiennent de la sillimanite.

2 — Gneiss (paragneiss) s'enrichissant en passées de gneiss à calcite où apparaissent progressivement, avec des récurrences, des niveaux minces de calcaires métamorphiques. Ces calcaires peuvent représenter la moitié du matériel dans la partie supérieure de la série. Les gneiss à calcite sont à quartz, plagioclase, microcline, phlogopite, certains niveaux contiennent du clinopyroxène, hornblende, grenat.

3 — a) Gneiss à grains fins en plaquettes. Il y a un passage progressif entre les gneiss à calcite et les gneiss en plaquettes, à la base, il subsiste de fines intercalations de calcite qui disparaissent vers le haut. Les gneiss en plaquettes montrent des cycles peu épais et bien réglés, marqués par une variation du mode du quartz, feldspath, biotite, les minéraux sont : quartz, microcline, plagioclase An25 — 29 biotite; la migmatisation se développe dans la série.

— b) Gneiss clair à composition granitique, parfois œillé, à quartz, microcline, plagioclase An20, biotite, muscovite, almandin. Ils sont plus ou moins migmatisés, et présentent localement des faciès nébulitiques, on observe des filons de pegmatite, à andalousite, tourmaline, grenat.

L'épaisseur totale et celle des divers niveaux sont variables suivant les régions ; il y a eu une variation de la sédimentation d'Est en Ouest suivant l'axe actuel de la chaîne.

La puissance maximum est de l'ordre de 6 000 m.

Le passage aux series supérieures s'effectue par des gneiss fins et des calcschistes (300 m environ).

On observe ensuite :

B — 1 — Formation des calcaires métamorphiques à plagioclase, phlogopite, grenat, (calcaire de Larjung dans la Kali Gandaki). Le métamorphisme décroît vers le haut d'une façon irrégulière. L'épaisseur de la formation est toujours importante, de l'ordre de 600 m. Elle varie suivant l'axe de la chaîne.

2 — Calcaires bleus et jaunes formant une barre épaisse, calc-schistes, et schistes (calcaires des Nilgiri dans la Kali Gandaki, épaisseur 900 m). Fossiles Ordovicien. Quartzites.

C 1 — Puis schistes et calcaires à niveaux gréseux. Dans le haut, niveau de grès noirs, fossilifères (Silurien).

2 — Au-dessus viennent des dolomies gréseuses dont l'épaisseur est de l'ordre de 400 m (Silurien).

3 — On entre dans une alternance de calcaires et de schistes noirs (Devonien probable) puis de calcaires et dolomies noirs, enfin une alternance de grès fins, de grès grossiers ou conglomératiques, et de schistes. L'ensemble apparaît comme une série de type flysh. On observe des lacunes locales. L'épaisseur moyenne est de l'ordre de 1 000 m.

4 — Grès calcaires et grès ferrugineux, alternance de schistes gris bleus et de calcaires fossilifères (Carbonifère). Possibilité de lacune locale. Alternance de schistes noirs et de grès blancs, calcareux au sommet (Permien). L'épaisseur des séries varie suivant les régions. Il existe des lacunes locales du sommet du Carbonifère et du Permien (Epaisseur totale environ 800 m).

D — **Trias** : formation de schistes et calcaire à la base, puis schistes avec barres de grès ou gréso-calcaire, sommet formé de barres gréseuses vertes ou blanches (épaisseur 1 000 m).

E — **Jurassique** : Calcaire en bancs massifs (Lias), épaisseur 400 m. Calcaire, calcaire gréseux, grès avec alternance schisteuse. Calcaire et schistes, niveau à oolithe ferrugineuse (Callonien). Lacune. Puis épaisse formation de schistes et pelites noires à gros nodules (faciès de Spiti). Jurassique supérieur (épaisseur variable, 500 m).

F — **Crétacé** : grès clairs, avec intercalations de schistes, Wealdien (250 m). Complexe de schistes noirs à dépôts charbonneux avec quelques bancs de grès verts, de grès calcareux ou de calcaire ; dans le haut barre gréso-calcaire, puis alternance de schistes colorés et de grès verts ou bruns. (Aptien inférieur). Calcaire marneux en plaquettes à Fucoïde, puis calcaire blanc (Aptien supérieur).

G — **Formation détritique de la Thakkhola.** Il s'agit d'une formation détritique discordante. On y observe des grès à grains non calibrés, peu consolidés, des conglomérats à gros blocs (10 à 30 cm) et des niveaux argileux. L'ensemble est stratifié, l'épaisseur est voisine de 1 000 m. La formation colmate le fond de la vallée, elle est débitée par des failles récentes en compartiments qui montrent un pendage varié. L'âge de cette formation n'est pas fixé ; il est postérieur à l'orogénèse majeure himalayenne, il est d'autre part antérieur aux terrasses anciennes qui dominent les vallées actuelles.

Les séries suivantes, très différentes des précédentes dans leurs origines, ont des affleurements limités, elles participent d'une façon particulière à la constitution de la chaîne.

V — SERIE DE TYPE GONDWANA :

La formation de Gondwana est connue dans diverses localités de l'Est du Népal, elle diminue d'épaisseur d'Est en Ouest et aucun affleurement n'apparaît avoir été signalé à l'Ouest du méridien de Katmandou.

Nous avons trouvé près de Salyane des schistes non métamorphiques, qui présentent le faciès des roches de Gondwana. Ce sont des schistes, très fins, gris foncé ou bruns dont certains niveaux contiennent de très rares petits galets de 0,1 à 1 cm, d'autres niveaux présentent des traces considérées comme des restes de plantes.

La formation a une puissance d'environ 500 m, elle est écaillée, chaque écaille est coincée entre des lames de roches métamorphiques écrasées.

VI — SERIE TERTIAIRE :

Les formations tertiaires sont connues au Népal. La plupart se trouvent localisées au Sud de la chaîne et pincées dans le chevauchement de bordure. Elles sont recouvertes tectoniquement par les séries népalaises ou par la nappe du Népal, elles reposent elles-mêmes par un contact tectonique sur la formation des Siwaliks. Il existe divers affleurements de ce type entre la Seti Khola et la Karnali, et au Sud de Dailek où la série est renversée.

A l'intérieur de la chaîne, un affleurement est connu dans la région de Tensing, il repose en discordance sur les séries népalaises, les fossiles qu'il contient (détermination M. Frenex et L. Rey) lui confèrent un âge Crétacé terminal-Eocène moyen.

L'affleurement de Salyane présente la même lithologie ; il repose, au Nord sur la série de Salyane que nous classons à part, au Sud, sur la série de faciès Gondwana ; il est recouvert en demi fenêtre par la nappe du Népal.

Dans d'autres endroits, à l'intérieur de la chaîne, la présence très localisée de terrains qui ont certaines analogies de faciès avec les formations tertiaires fossilifères, ainsi que l'absence ou le faible degré de métamorphisme, ont conduit divers auteurs à leur attribuer un âge récent. C'est sur ces bases que C. Sharma 1969 figure sur sa carte, des affleurements de Tertiaire entre Rukum et Jajarkot. G. Fuchs et W. Frank 1970, ont récolté des fossiles d'âge tertiaire dans cette région ; mais il subsiste une incertitude sur la position de la formation fossilifère dans cette partie tectonisée du Népal. Selon nos observations, il semble que les calcaires à fossiles tertiaires sont des lambeaux très peu volumineux, pincés dans la zone des schistes rouges et des calcaires et dolomies, qui constituent une étroite bande tectonisée, effondrée à la bordure de la série quartzo-pélitique, ou bien pincée dans le réseau des failles qui limitent à l'Est la nappe de Jajarkot.

La lithostratigraphie des affleurements de Tensing, Salyane, et Dailek est la suivante :

Alternance de schistes gris ou noirs à débris de plantes écrasées et de grès grossiers à galets de quartz, de gneiss et de granite.

Schistes noirâtres à nodules de fer.

Plusieurs bancs de grès grossiers.

Schistes argileux noirs, ocres, rouges, parfois troués. Plusieurs niveaux fossilifères. Horizons lenticulaires conglomératiques à blocs de quartz de 1 à 10 cm.

Schistes violets à nodules de fer contenant dans leur partie supérieure des bancs de quartzites blancs et de dolomies quartzeuses.

Calcaire gréseux roux.

L'épaisseur totale est de l'ordre de 500 m.

Dans la région de Tensing, on rapporte à la même formation une épaisse série de schistes violets ou ocres contenant quelques bancs peu épais de dolomies et de grès grossiers.

D'une façon générale, on observe la présence de petits blocs de laves basiques, non métamorphisés dans divers niveaux détritiques.

VII — LA SERIE DES SIWALIKS :

La série est très épaisse, et une puissance de plusieurs milliers de mètres est admise.

On observe des **argi**lites et quelques niveaux de grès argileux, de grès calcareux et de calcaires.

Les variations de faciès sont fréquentes, les niveaux supérieurs sont souvent à grains détritiques plus grossiers.

La formation a un âge qui s'étend du Miocène au Pliocène-Pleistocène.

VIII — LE QUATERNAIRE :

Dans la région de Katmandou, la présence d'un ancien lac a permis des dépôts épais d'un matériel fin, stratifié, qui repose, s'intercale ou est recouvert par des dépôts de piédmont plus grossiers.

Dans toutes les vallées importantes, mais particulièrement celle de la Trisuli et de la Kali Gandaki, on observe un système complexe de terrasse. Il existe fréquemment quatre terrasses emboîtées, certaines très puissantes (100 m ou plus).

La présence de discontinuités dans le système des terrasses, suivant le profil des cours d'eau, est due, selon le cas :

soit à la présence de niveaux de base locaux, qui ont déterminé des remblayages divers, soit aux mouvements verticaux de divers compartiments, postérieurement au dépôt des terrasses. Ces mouvements sont encore actuels.

A la bordure Sud de la chaîne, on observe des dépôts d'alluvions qui s'étendent pratiquement partout, mis à part quelques reliefs correspondant aux Siwaliks plissés.

Ces alluvions se raccordent avec les alluvions de la plaine du Gange.

Au pied même de la chaîne, au bord Sud du Mahabharat, on observe des formations grossières, conglomératiques, à blocs métamorphiques d'origine himalayenne, dont le diamètre peut atteindre 10 à 20 cm. Ces dépôts sont localisés et correspondent, peut-être, à un ancien système fluviatile antérieur au système actuel.

Glissements de terrain :

En plusieurs endroits du Népal, on peut observer des glissements de terrain qui affectent un versant entier de montagne.

L'un d'eux est bien connu dans la Kali Gandaki, à hauteur de Lété. Un autre, encore plus important, existe près de Tibrikot dans le cours supérieur, Est-Ouest, de la Thulo-Berri. Ces glissements sont fréquement localisés à proximité du chevauchement de la haute chaîne.

AGE DES SERIES

1) L'âge des séries népalaises et de la nappe du Népal ne peut être fixé avec certitude puisque le métamorphisme a contribué à la destruction des restes d'organisme qui auraient pu exister. Actuellement, la présence de stromatolites dans les divers niveaux carbonatés est le seul témoin d'êtres organisés mais l'âge de cette faune est très imprécis.

Il n'est pas exclu qu'une recherche plus systématique dans les niveaux les plus favorables tels que les horizons graphiteux ou charbonneux et dans les calcaires permette la découverte d'une faune caractéristique.

Sur une base lithologique deux possibilités sont offertes.

a) Les séries népalaises et de la nappe du Népal sont l'équivalent des formations anciennes qui affleurent au Kumaon. Et l'âge proposé serait alors Précambrien et Primaire inférieur ou moyen. La série de Salyane dont le faciès est celui de Blaini, Krol, Tal, représenterait le Carbonifère-Permien et le Secondaire, cette série est très localisée. Ainsi, il faudrait admettre une très importante lacune de sédimentation dans le reste du Népal, jusqu'au dépôt du Tertiaire.

b) Plus volontiers, nous pensons que la série quartzo-pélitique représente le Précambrien et le Primaire jusqu'au Carbonifère, puis, les séries surincombantes qui montrent certains traits de sédimentation de type gondwanien, (niveaux charbonneux, faciès rouge fréquent etc), représenteraient le Primaire supérieur et le Secondaire.

La série de Salyane serait le résultat d'une variation locale de la sédimentation imposant les caractères précis des séries appelées Blaini, Kroll, Tal, dans d'autres régions de l'Himalaya.

2) L'âge des séries tibétaines est bien fixé par les faunes qu'elles contiennent. La seule incertitude concerne l'âge de l'extrême base de la série qui serait primaire inférieur à précambrien supérieur.

3) Les séries récentes : Tertiaire et Siwaliks sont bien datées par les fossiles.

METAMORPHISME ET MIGMATISATION

a) Métamorphisme

Les mesures géochronologiques mettent en évidence deux phases distinctes de métamorphisme au Népal.

La plus ancienne est d'âge précambrien, elle est commune à la chaine himalayenne et à la péninsule indienne ; la seconde a pris fin au Mio-Pliocène. Une phase intermédiaire Crétacé supérieur-Eocène inférieur est suggérée par certaines mesures.

Sur la base des observations de terrain, on peut démontrer clairement que le métamorphisme est ante-Siwaliks, et dans la région de Nacem-Tensing, qu'il doit être antérieur aux dépôts fossilifères du Tertiaire inférieur.

L'étude microscopique montre la présence d'une phase principale de métamorphisme prograde dans les roches de la série népalaise, de la nappe du Népal, et de la série tibétaine. Dans la nappe du Népal on observe en certains points, des remplacements particuliers, par exemple de biotite entièrement remplacée par de la chlorite, ce qui suggère une histoire métamorphique plus complexe que dans les autres formations. Dans la série Tibétaine, des réactions rétrogrades sont liées principalement à la migmatisation.

Le type de métamorphisme est différent dans les trois grandes zones définies ici. On sait qu'un métamorphisme à disthène, sillimanite, caractérise les séries tibétaines ; on observe aussi disthène, muscovite-biotite-grenat dans certaines parties de la nappe du Népal. Dans les séries népalaises, le métamorphisme est à andalousite (et localement cordiérite).

Quelques particularités doivent être signalées :

Le métamorphisme des séries tibétaines monte plus ou moins haut dans la série lithostratigraphique. Il atteint le Trias à Dangar. Il disparaît au niveau du Dévonien sur la rive gauche de la Thakkhola. Il doit correspondre au moins pour les isogrades de faible degré de métamorphisme, à des dômes thermiques. Il est antérieur à la phase tectonique tangentielle et aux grandes phases de coulissage orientées NNE — SSW.

Le métamorphisme de la nappe du Népal est, lui aussi, antérieur à la phase tangentielle, en effet, on peut voir des formations de haut degré de métamorphisme appartenant à la nappe du Népal, reposer sur les séries népalaises moins métamorphiques.

Dans la zone des séries népalaises, on observe que les isogrades recoupent les séries et doivent dessiner des structures en demi-dômes, ou incurvées.

En outre, dans toutes ces différentes zones, se superposent des transformations métamorphiques localisées mais parfois intenses. Certaines sont en relation avec des intrusions diverses en particulier de pegmatites. D'autres sont liées à la migmatisation. On note aussi la présence d'un métamorphisme dynamique, affectant les zones de serrage très importantes qui caractérisent la dernière phase tectonique de la chaîne.

Enfin, on peut observer au Népal, comme dans d'autres régions de l'Himalaya, des coupes présentant apparemment un métamorphisme inverse. Dans l'Ouest du Népal, certains cas résultent d'une superposition anormale d'ordre tectonique. (base Sud de la nappe de Jaljala). D'autres cas liés au chevauchement du Haut Himalaya sont plus délicats à interpréter.

En admettant qu'il n'existe aucune incertitude concernant la limite retenue actuellement pour la base des séries tibétaines, les cas de métamorphisme inverse peuvent résulter de la disposition en dôme ou en demi-dôme des isogrades par rapport aux structures des Séries Népalaises, cette répartition du degré de métamorphisme étant antérieure au chevauchement de la Série Tibétaine.

D'autres explications peuvent être recherchées, au moins localement, dans la présence de dykes de pegmatites ou de microgranites qui déterminent un effet de contact s'ajoutant au métamorphisme général.

Ces questions sont encore en cours d'étude.

b) *Migmatisation*

La migmatisation affecte les séries métamorphiques du Népal. Dans les séries tibétaines, elle se développe d'une façon stratoïde dans la Série de base (Dalle du Tibet) et plus précisément dans la partie supérieure des gneiss à grains fins, à quartz, microcline, plagio An 29–35, biotite, et dans les gneiss clairs, à composition granitique, souvent oeillés, à quartz, microcline, plagioclase An 20, biotite, muscovite, almandin.

La mobilisation est communément du type concordant, les corps discordants les plus nets sont généralement très riches en tourmaline. On observe aussi dans ces zones de nombreux filons de pegmatite à tourmaline, grenat.

Dans la nappe du Népal, la migmatisation est moins développée. Néanmoins, dans l'unité des gneiss qui est largement représentée dans l'Ouest, on observe une migmatisation localisée qui apparaît principalement dans les gneiss à quartz, microcline albite, muscovite, quelques biotites (Sud de Jumla) ou dans les gneiss à plagioclase (Dandeldura).

GRANITES

Les massifs granitiques sont d'une grande rareté au Népal.

Les granites de la série tibétaine sont des roches claires, alcalines, à microcline, albite, muscovite, biotite, souvent riches en tourmaline. Les massifs sont liés à la migmatisation et à la mobilisation de gneiss de composition granitique équivalente. (Massif du Manaslu et de Mustang). Ces massifs sont en cours d'étude par P. Le Fort.

Dans la nappe du Népal, on connaît quelques petites masses assez homogènes, concordantes ou légèrement intrusives, de granite clair, alcalin, à microcline, albite, muscovite, biotite, ou à composition de granodiorite (région de Dandeldura, vallée de la Karnali en aval de Jumla). Ces granites sont liés aux zones migmatisées et à la composition originelle de celles-ci. Les massifs au Sud de Katmandou restent à étudier.

On observe enfin une phase pegmatitique très importante où l'on peut distinguer des pegmatites liées régionalement aux masses granitiques, et d'autres dispersées dans le Népal, dont l'origine et l'âge restent à étudier.

MAGMATISME BASIQUE

a) Les niveaux de chloritoschistes ou d'amphibolites qui représentent un ancien matériel volcano-sédimentaire, témoignent d'une activité magmatique basique, antérieure ou contemporaine du dépôt des Séries népalaises et des Séries de la nappe du Népal. On peut noter une certaine liaison sur le terrain entre les horizons basiques les plus épais et les niveaux de quartzites blancs très purs, en bancs massifs, qui pourraient provenir de la transformation d'un ancien matériel magmatique acide, par exemple de type ignimbritique.

La répartition non régulière de ces formations suivant l'axe de la chaîne doit permettre une certaine localisation des anciens centres d'activité magmatique.

b) Une autre activité basique est à l'origine des masses intrusives en forme de sills ou de laccolites, parfois de grande dimensions, qu'on observe dans la nappe du Népal et dans les séries népalaises.

Il s'agit de gabbros ou de diorites, et de laves basiques à structures doléritiques. Ces roches sont assez peu transformées par le métamorphisme, mis à part leurs bordures.

La répartition est la suivante :

Au Nord, au voisinage du chevauchement de la Haute Chaîne, les intrusions affectent aussi bien les Séries népalaises que la nappe du Népal, mais plus au Sud, elles sont essentiellement localisées dans la nappe du Népal. Dans cette dernière, le massif le plus important se poursuit par relais depuis Salyane jusqu'à la Karnali et sans doute jusqu'au Kumaon soit sur près de 200 km.

c) Une dernière activité basique est manifestée par la présence de petits blocs de laves basiques, non métamorphisés, qui figurent en éléments détritiques dans divers niveaux des formations tertiaires du Népal. On peut donc admettre une activité volcanique, sans doute peu importante et localisée, postérieure à la phase principale de métamorphisme et antérieure au Tertiaire.

CARACTERES STRUCTURAUX

On retrouve au Népal les structures majeures de la chaîne himalayenne, c'est-à-dire, du Sud au Nord, le chevauchement de bordure qui limite la chaîne, une zone intermédiaire où affleurent les séries népalaises, la nappe du Népal, puis plus au Nord, le chevauchement du Haut Himalaya et la zone des séries tibétaines. Figs 7 à 11.

A — La zone des Séries népalaises :

On observe au Nord, un vaste antiforme allongé parallèlement à l'axe de la chaîne. Cette structure est très évidente et a été individualisée depuis longtemps. Son matériel est essentiellement constitué par la série quartzo-pélitique ; les critères de polarité sédimentaire et l'étude des schistosités indiquent une superposition normale. L'antiforme est bien dessiné dans la région centrale entre la Trisuli et la Kali

Gandaki, il se poursuit vers l'Est (Sun Kosi) et vers l'Ouest (Mayandi, Hiunchuli), il s'étend sur plus de 400 km. Il montre une ondulation axiale ancienne dont l'importance est difficile à apprécier exactement, principalement à cause des décrochements NNE — SSO qui permettent un coulissage de divers compartiments, et des plis tardifs à grand rayon de courbure qui se développent perpendiculairement à l'axe de la chaîne.

Sur le flanc Sud de l'antiforme, on observe, reposant sur la série quartzo-pélitique, les séries surincombantes des quartzites, des schistes gris, des calcaires et dolomies etc...

Cette superposition estimée stratigraphique avec des discordances plus ou moins importantes, est bien exposée dans la région de Pokhara-Gurkha ; dans d'autres régions, des déformations, ont, au minimum, flexuré et faillé ce flanc sud ; ou encore, la présence d'une structure locale particulière a imposé une tectonique plus sévère et complexe (synclinal de nappe de Jaljala, Lungri Khola, Jajarkot, à l'Ouest ; zone broyée de la Trisuli, à l'Est, etc...).

Plus au Sud, en se rapprochant de la bordure de la chaîne, les séries sont affectées par une succession de plis serrés comme il est habituel dans tout l'Himalaya, il existe des plis simples et des plis chevauchants.

Au flanc Nord de l'antiforme, on observe la même succession constituée par la série des quartzites, et la série des schistes gris, calcaires et dolomies, mais les formations sont ici moins épaisses et sans doute lacunaires ; les variations de puissance et de faciès, d'Est en Ouest suivant l'axe de la chaîne sont importantes. Les formations montrent souvent des plans de glissements ou un écaillage. Dans l'Ouest du Népal, elles forment un synforme tectonisé (Mugu Karnali). On notera que l'affleurement de la Mugu Karnali se poursuit vers l'Ouest et se raccorde, fait important, avec les séries similaires du Kumaon (Inde).

Il n'est pas possible d'admettre de façon définitive si, originellement, les séries supérieures, c'est-à-dire la série des quartzites, des schistes gris et des calcaires et dolomies, recouvraient la totalité de la série quartzo-pélitique ou constituaient deux sillons séparés, disposés au Nord et au Sud d'un antiforme ancien prééexistant.

En ce qui concerne la série des schistes rouges et des calcaires et dolomies, leur localisation est peut-être restreinte au seul bord Sud de l'antiforme ancien.

D'une façon générale, on doit souligner l'instabilité de cette région durant la sédimentation, la présence de zones de distension et leur variation sont responsables de plusieurs zones de sédimentation qui se succèdent suivant l'axe de la chaîne. On observe aussi des variations d'épaisseur importantes de plusieurs niveaux, en particulier des niveaux carbonatés. Il existe des lacunes et des discordances faibles. Ces dernières sont probables à la base de la série des quartzites, elles sont de même vraisemblables à la base de la série des schistes rouges, et des schistes charbonneux, enfin il existe une discordance à la base de la série gréso carbonatée supérieure.

La structure en nappe des Séries Népalaises est une question qui doit être posée.

Antérieurement, T. Hagen 1959 indique la présence d'une fenêtre tectonique dans la région de Pokhara qui révèle une série sous jacente. La structure en nappe de la formation de Nawakot qui correspond pour une part aux Séries Népalaises définies ici, est ainsi établie. Cette hypothèse ne peut être retenue, par l'absence d'argument de terrain démontrant l'existence d'une fenêtre. Pour G. Fuchs, 1965, une formation identique aux slates de Simla, mais qui peut comprendre Jaunsar et Blaini, apparaît dans plusieurs fenêtres ouvertes dans une nappe qui correspond pro parte aux Séries Népalaises décrites ici. La découverte de fossiles tertiaires dans les formations affleurant dans les fenêtres. (Remy 1966) fait abandonner cette interprétation.

En conclusion, aucune observation ne démontre une disposition en nappe des Séries népalaises. Ce qui est certain c'est que les Séries ont subi un déplacement vers le Sud, mais aucun fait ne permet actuellement, d'apprécier l'importance de ce mouvement.

B — La nappe du Népal :

La nappe du Népal montre une grande extension dans la région de la Karnali où son développement atteint 150 km du Nord au Sud. Vers l'Ouest, elle se raccorde avec les nappes équivalentes du Kumaon (Inde). Vers l'Est, elle est restreinte à une zone étroite pliée en synforme (Jaljala) qui se ferme à hauteur de la Bari-Gad Khola. Beaucoup plus à l'Est, nous retrouvons dans une position équivalente la nappe de la région de Katmandou et de la région de Charikot.

Les faits qui établissent l'existence d'une nappe sont les suivants :

— une fenêtre est ouverte dans la nappe dans la région de la Mugu Karnali et de la Humla Karnali, elle permet d'observer les Séries népalaises, en particulier, la série calcaire. La fenêtre est oblitérée à l'Est, par une avancée de la nappe tibétaine qui recouvre conjointement les séries népalaises apparaîssant dans la fenêtre et la nappe du Népal. Vers l'Ouest la fenêtre se prolonge sur 150 km en s'élargissant.

— une demi-fenêtre est dessinée dans la région du Hiunchuli, par le Chakhure Lekh, le Takurji Lekh et la chaîne de Jaljala.

— enfin l'antiforme Nord-Sud, dernière phase, qui sépare la nappe de l'Ouest du Népal de la nappe de Katmandou, peut apparaître comme une gigantesque demi-fenêtre de 200 km de long et 100 de large.

Structure de la nappe du Népal :

La nappe du Népal compte plusieurs unités. Une première unité est constituée par la série de Dullu, dont la localisation est très limitée, elle représente une unité inférieure de la nappe. Les unités très petites de Ranimata, Karnali, Katila Khola, et Dailek lui sont peut-être inférieures. Vient ensuite une unité intermédiaire comprenant la série quartzeuse et la série calcaire. Ces deux formations ont une grande extension. Enfin une dernière unité est composée principalement de micaschistes, gneiss, migmatite, quelques granites. Elle présente un très grand développement dans l'Ouest, elle manque dans la chaîne de Jaljala et dans la région de Jajarkot. Il est possible que cette formation soit charriée sur les unités inférieures.

La nappe présente les structures principales suivantes : elle est localisée dans les synformes N — S transverses à l'axe de la chaîne. Elle est débitée par des failles orientées NS qui la coupent en divers compartiments, chacun de ceux-ci étant plissés pour lui-même.

D'autres structures sont en relation avec l'antiforme signalé plus haut qui affecte les séries népalaises. La localisation de la nappe dans la chaîne de Jaljala serait à compter parmi celles-ci. Les structures particulières observées autour de la fenêtre de Mugu et Humla Karnali, sont dues aux déformations en antiforme N —S, liées à l'avancée de la série tibétaine du Saipal à l'Ouest, et du Kanjiroba à l'Est. Enfin comme pour les autres formations, la nappe présente au voisinage du chevauchement de bordure qui limite la chaîne au Sud, une série de plis très serrés souvent faillés.

Domaine d'origine de la nappe :

La lithostratigraphie de la Nappe du Népal montre qu'on retrouve dans cette formation des termes équivalents à ceux des Séries népalaises, mais avec les particularités suivantes : une série plus détritique, plus riche en quartz, une réduction d'épaisseur des termes carbonatés, un plus grand nombre de niveaux d'origine volcano-sédimentaire en particulier basique (amphibolite), la présence d'intrusions magmatiques basiques très localisées. Nous retrouvons aussi une variation des faciès et une variation d'épaisseur des formations lorsqu'on se déplace d'Est en Ouest suivant l'axe de la chaîne.

Ces divers caractères permettent de supposer une juxtaposition des deux domaines de sédimentation. Les séries de la nappe du Népal se seraient déposées au Nord du bassin de sédimentation des Séries népalaises.

Dans la structure de la chaîne, les racines de la nappe, ne sont pas observables, elles sont recouvertes par le charriage vers le Sud des Séries tibétaines.

C — La zone des séries tibétaines :

La série de base (Dalle du Tibet) montre un pendage régulier vers le Nord et présente une structure remarquablement simple mis à part des plis d'amplitude faible.

Localement les schistosités ONO — ESE affectent et déforment des structures dont l'axe est proche de N — S c'est-à-dire de la direction des plis précambriens de la péninsule indienne. On observe aussi des recristallisations métamorphiques complexes. Pour ces raisons, l'existence d'une Précambrien ancien plissé antérieurement aux phases tectoniques récentes, himalayennes, est une question qui peut être posée. Cependant, la localisation de ces zones à la base de la série, leur rareté, leur volume réduit et la proximité de la zone de chevauchement de la haute chaîne, rendent incertaine l'interprétation de ces faits.

Dans les niveaux surincombants, la série calcaire présente, principalement, un vaste pli déversé vers le Nord, dans le Dolpo, la Thakhhola, et le Manang, c'est-à-dire toute la région centrale, l'axe de ce pli tend à s'élever d'Est en Ouest.

Puis on observe un vaste synclinal déversé vers le Nord qui comprend les séries primaires et secondaires pour une part, puis des plis ouverts.

Un autre caractère structural important est du à une série de failles NNE — SSO qui débitent la région de la Thakkhola en compartiments.

Ces failles ont une origine ancienne, elle correspondent à une zone mobile qui est responsable des variations de faciés et d'épaisseur des principales formations suivant l'axe de la chaîne.

Dans leur dernier mouvement, les failles présentent une composante verticale importante qui augmente du Nord vers le Sud.

Vers l'Est, le Manaslu interrompt les structures régulières observées dans la région centrale ; on connaît encore peu l'architecture de cette région.

Vers l'Ouest, la structure du Saipal apparaît assez simple.

D — Les bassins tertiaires :

Un certain nombre de formations tertiaires sont situées au Sud sous le chevauchement de bordure de le chaîne (Sud Ouest de Piuthan, Dang, de Dailek, etc...).

Cette disposition indique un déplacement de la zone népalaise et de la nappe du Népal vers le Sud.

D'autres formations tertiaires sont situées à l'intérieur de la chaîne (bassin de Tensing, Beri Khola). Elles sont pincées tectoniquement dans la série des calcaires et dolomies pour le premier affleurement, et sans doute, dans la même position pour le deuxième.

Nulle part, ces formations tertiaires ne reposent sur des séries anciennes par transgressions sédimentaires comme cela est observé dans d'autres régions (Simla).

On notera enfin que ces derniers bassins autant qu'on peut en juger, sont disposés obliquement par rapport à l'axe de la chaîne. Ils supposent une orientation particulière des distensions à cette époque.

STRUCTURE DE LA CHAINE

La structure de la chaîne résulte d'un certain nombre de phases qui sont les suivantes :

— Une série de phases de distension et de subsidence détermine la formation de plusieurs grandes zones de sédimentation. L'une est située au Sud (Série népalaise), il s'y accumule tout d'abord plus de 3 000 m de matériel détritique fin (série quartzo-pélitique), puis, en conséquence d'un changement dans le régime des déformations, et sans doute aussi dans l'origine du matériel, il se forme des bassins dont la profondeur est souvent faible, comme l'indique la présence de plusieurs niveaux contenant des Collenia et une lithostratigraphie variée ; en outre, on observe des variations importantes d'épaisseur, des lacunes et des discordances. L'épaisseur totale maximum du matériel déposé est de 3 700 m environ.

Une autre zone est située plus au Nord, les dépôts y sont plus détritiques et plus grossiers (Série de la nappe du Népal).

Une zone plus septentrionale, en relation avec la Tethys, recevait le matériel de la série tibétaine, dont l'épaisseur est de l'ordre de 4 à 6 000 m pour la série de base et de 9 000 m pour la série paléozoïque inférieure à crétacé.

D'une façon générale, on notera que des déformations faibles mais plus d'une fois répétées, déterminent plusieurs lacunes et discordances dans les séries. D'autre part, chacune de ces zones de sédimentation est composée de plusieurs bassins se succédant d'Est en Ouest, ce qui explique les variations de faciès, et d'épaisseur suivant l'axe de la chaine, qui caractérisent toutes les séries anciennes du Népal et les séries tibétaines, quelque soit leur âge. Ce caractère est du à la remobilisation répétée, des vieilles structures, d'orientation Nord-Sud, du bouclier indien impliqué dans la chaîne himalayenne.

On observe quelques faits nouveaux dans les séries les plus récentes :

— La série des schistes rouges, calcaire et dolomie, dans les séries népalaises, peut correspondre à des bassins plus restreints et disposés plus obliquement que les précédents, par rapport à l'axe de la chaîne. Il en est de même pour la série gréso-carbonatée supérieure. On aurait un changement de l'orientation des contraintes durant cette période.

La série de Salyane, qui est peut être l'équivalent de Blaini, ou de Blaini Krol-Tal, est trop peu conservée au Népal pour prêter à des conclusions d'ordre structural.
On peut cependant supposer que les distensions localisées ont créé le bassin limité où elle s'est déposée.

Une phase de compression s'établit. Le métamorphisme lui est contemporain. On observe ensuite une phase de déformation et une phase d'érosion qui précède le dépôt du Tertiaire.

Les formations tertiaires reposent en transgression sur des termes différents des séries népalaises et peut-être sur la série locale de Salyane et les formations de type Gondwana.

La présence de fragments de laves non métamorphisées dans les sédiments, indique qu'une activité volcanique basique est postérieure au métamorphisme et antérieure aux dépôts tertiaires, la rareté du matériel suppose une activité peu importante et localisée. L'identité de la lithologie indique un seul bassin sédimentaire pour les affleurements de Tensing, Dang, Dailek. Certains bassins (Tensing, Beri et Sama Khola) sont orientés du NO au SE. S'il en est ainsi, la disposition de ces bassins indique que les distensions correspondantes ont une orientation oblique par rapport à l'axe de la chaîne.

Une phase majeure de compression détermine les structures tangentielles, c'est-à-dire : la mise en place de la nappe du Népal dont l'avancée apparente vers le Sud-Est est de 150 km au minimum. Conjointement le chevauchement de l'unité tibétaine est réalisé ; le déplacement horizontal lié à cette déformation ne peut être fixé.

On peut aussi admettre un déplacement vers le Sud de la zone des séries népalaises, dont l'amplitude ne peut être fixée.

Des phases de compression de plus faible importance affectent les formations mises en place. Au Nord, elles déterminent, ou accentuent un antiforme très allongé dont l'axe suit l'orientation de la chaîne : au Sud, elles forment une succession de plis parallèles au chevauchement de bordure, dans les Séries népalaises et dans la Nappe. Le raccordement entre ces deux zones est marqué par un pli flexuré parfois faillé (Sud de Pokhara) ou par des plis plus complexes (Kali Gandaki, Trisuli, Beri Khola).

Un régime différent de contrainte détermine le jeu et le rejeu de structures NNE — SSO, c'est-à-dire suivant les directions des orogènes précambriennes.

On observe ainsi une série de failles NNE — SSO dont une première action est contemporaine de la sédimentation ; puis une mobilisation au cours de la phase tectonique majeure a permis un coulissage de divers panneaux vers le Sud, ainsi que des déplacements verticaux.

Tardivement, il apparaît une ondulation dans l'axe de la chaîne qui détermine des structures NNE — SSO, et c'est dans les synformes que la Nappe du Népal est actuellement conservée.

Une troisième phase très importante, produit les faits suivants : elle détermine un serrage général de toute la chaîne, elle déforme toutes les structures antérieures et toutes les schistosités, elle impose une schistosité propre particulièrement importante.

Ce mouvement à forte composante verticale, est responsable d'un des caractères majeurs de la chaîne ; c'est-à-dire du chevauchement de bordure (Main Boundary Thrust) qui limite la chaîne au Sud.

Cette faille a un fort pendage Nord, mais certains supposent qu'elle s'aplatit en profondeur. Elle affecte aussi bien les Séries népalaises, que la Nappe du Népal. Elle recoupe toutes les déformations. Elle apparaît ainsi, postérieure et d'un autre ordre que tous les accidents locaux ; enfin sa généralité dans toute la chaîne himalayenne, en fait un accident majeur dont les causes doivent être recherchées dans un domaine différent de celui des autres faits tectoniques, aussi importants soient-ils.

Des caractères semblables et la même extension sont retrouvés dans le chevauchement de la haute chaîne (Main Central Thrust), avec cependant cette différence, que le chevauchement implique uniquement la Série tibétaine au Népal.

Pour terminer, on signalera que des mouvements à forte composante verticale sont encore actifs. Ils déterminent un emboîtement des terrasses quaternaires, certains de ceux-ci étant voisins de 100 m ; ils provoquent des basculements de terrasses, et introduisent de nombreuses perturbations dans le profil d'équilibre des rivières.

Erratum : Sur la carte ci-jointe le compartiment au SSO de Dailek centré sur 81°39′ Long E, 28°45′ Lat N, est constitué de gneiss.

POST-FACE

Pour terminer nous tenons à exprimer nos remerciements au Nepal Geological Survey, Katmandou pour l'intérêt qu'il a montré à notre étude.

Nos remerciements vont aussi à tous ceux qui ont favorisé notre travail et en particulier : la Commission de Géologie du CNRS, les membres de la RCP n° 253, le personnel du laboratoire de Petrologie. Université des Sciences. Montpellier, la Commission Scientifique du Club Alpin Français, enfin les porteurs et tous les népalais des montagnes qui nous ont aidé, accueilli, renseigné et sans lesquels ce travail n'aurait pu être fait.

J.M. REMY

Laboratoire de Pétrologie
Université des Sciences

Montpellier.

geology of nepal
west of nepal
himalaya

CONTENTS

	Pages
PRELIMINARY	37
HISTORY OF THE GEOLOGICAL STUDIES IN WEST NEPAL	39
GEOLOGICAL STUDY	41

LITHOSTRATIGRAPHY — 41

   I — The Nepalese series — 41

      A — Quartzo pelitic series — 41
      B — Quartzite series — 42
      C — Grey schists and limestones and dolomites series — 42
      D — Red schists and limestones-dolomites series — 43
      E — Carbonaceous schists series and sandy carbonaceous upper series — 43
         a) Carbonaceous schists series — 43
         b) Sandy carbonaceous upper series — 44
      The Nepalese series in the North zone — 44

   II — The Salyane series — 44

   III — Nepal nappe series — 45

      A — Schistose series of Dullu — 45
      B — Quartzose series — 45
      C — Calcareous series — 45
      D — Gneiss series — 46
      The Nepal nappe in the Kathmandu region — 47

   IV — The Tibetan series — 47

      A) The lower series — 47
      B) The upper series — 47

   V — Gondwana series — 48

   VI — Tertiary series — 49

   VII — The Siwaliks series — 49

   VIII — The Quaternary — 49

THE AGE OF THE SERIES — 50

METAMORPHISM AND MIGMATISATION — 50

      a) Metamorphism — 50
      b) Migmatisation — 51

	Pages
GRANITES	51
BASIC MAGMATISM	52
STRUCTURAL CHARACTERS	52
A) Zone of the Nepalese Series	52
B) The Nepal nappe	53
The structure of the Nepal nappe	54
The origin of the nappe	54
C) The Tibetan series	54
D) The tertiary basins	55
THE STRUCTURE OF THE BELT	55
AKNOWLEDGMENT	57

PRELIMINARY

The Geological study of Western Nepal was carried out between 1963-1971 and was funded by the CNRS with a personnal grant for the first years and then though the RCP 253.

The published map is essentially the work of the autor mapping in all region of Western Nepal, this map completes and precises the map published by J.M. Remy 1972 c. However for some limited region various document have been consulted.

a) Tibetan area.

For the Takkhola region we have taken the contours published by P. Bordet, M. Colchen, D. Krummenacher, R. Mouterde, P. Lefort, J.M. Remy. Esquisse géologique de la Takkhola Népal Central 1/70 000 edit. CNRS 1968.

For the Marsyandi region, we have adopted the geological boundaries of the map : Nyi Shang, Marsyandi 1/70 000 edit. 1971 established by P. Bordet, M. Colchen, P. Lefort.

For the Dolpo we have used for the Eastern region, G. Fuchs map : Geologische Karte von Dolpo und Dhaula Himal. Ostereichische Akad : Wiss Bd 113 Wien 1967, and for Western Region T. Hagen map of Nepal 1/4 000 000, 1959.

b) Nepalese formation area :

For the region to the North of Pokhara we have access to unpublished study by A. Pécher.

For limited region which we have not able to study, we have used the contours of : T. Hagen 1959. Map of Nepal 1/4 00 000 and A. Gansser 1964 : Map of the Himalaya.

The Kumaon (India) has been taken from various maps published by K.S. Waldiya and al. 1962. 1963 and from maps of Geological Survey of India.

HISTORIC OF THE GEOLOGICAL STUDIES IN WEST NEPAL

The geological studies previous to this publication are the following.

H.B.N. Medlicott 1875, gave a summary description of the Kathmandu and Trisuli regions. J.B. Auden 1935, proposed the first interpretation study of this region and eastern Nepal.

A. Heim, A. Gansser 1939, carried out a detailed survey of the Kumaon, a region which lies along the western border of Nepal. Thus the entire region of the West Nepal was unknown until 1959 between the indian Kumaon and the Kathmandu region.

At this date, with the aid of the French expedition to Annapurna (1950) M. Ichac, P. Pruvost 1951, discovered the Tibetan formation in Takhhola and described the first geological section of this region and of the Kali Gandaki.

Then, T. Hagen began his field work in all parts of Nepal, and provided the first description of the geology of western regions. The results appeared in the publications of 1951, 1952, 1954, 1956. 1959, 1968.

Other studies were also carried out in this period.

S. Hashimoto 1959, described an itinerary from Kathmandu to Manaslu, which be followed in 1955, P. Bordet 1961 p. 213-216 gave a description of the Pokhara, Kali Gandaki and Takhhola regions, traversed in 1957, and of the Kathmandu region, P. Bordet 1959-1960. C.G. Egeler, N.A. Bodenhausen, T. de Booy H.J. Nighuis 1964 published the results of the 1962 expedition in Takhhola (Tibetan series). They found graptolites in black slates which dated the formation as Silurian.

New dates were acquired in 1963, by P. Bordet, D. Krummenacher, R. Mouterde, J.M. Remy, 1964a, b, c, d, and 1968, 1971. They concern the Kali Gandaki and Takhhola which was mapped on the scale of 1/75000. During the same period G. Fuchs 1964, 1967 investigated the tibetan series of Dolpo (West of Takhhola).

At this stage, A. Gansser, 1964, K.S. Valdiya 1964 gave a general and comprehensive compilation on geological investigations in Nepal. It appears in this revisioned work, whereas the Tibetan series are well localised and structure well known, the Nepalese formations which extends over three quarter of the surface of the country are not interpretable from structural point of view, because of lack of stratigraphical control.

Since this period the geological studies on Nepal become more specialised.

Some investigations will pursue and extend the work carried out in the Tibetan series to new regions : Takkhola and Marsyandi. P. Bordet, M. Colchen P. Lefort 1968-1970.

The serie of Annapurna was observed by A.C. Waltham 1972.

Further research will be carried out in the Nepalese formation.

J.M. Remy 1966, 1967, established the lithostratigraphy for the regions between Trisuli and Piuthan and the presence of tertiary basins is recorded in the mountain range (Tensing)

S. Saho, T. Ishida, M. Masuda, O. Watanobe, M. Fushini 1968 published in japanese their observations on Central Nepal.

C.K. Sharma 1969 edited a geological map of Nepal on the scale of 1/4000000 and a notice.

G. Fuchs, W. Frank, 1970, 1971 described some itineraries between Kali Gandaki and Thulo Beri. They discovered tertiary outcrops in the range.

J.M. Remy 1971 a, b, c, 1972 presented the results of his expeditions in West of Nepal between 1965 and 1971 and published a geological map of the Western Nepal between 80°30-86 Long E.

S. Hashimoto and al. 1973 published a general study of Nepal as a result of their field works.

GEOLOGICAL STUDY

The Himalayan range outcrop in the West of Nepal over a distance of 600 km from East to West and 150 km from North to South.

It is made up of the following lithostratigraphical and tectonic units : the nepalese series, the Salyane series, the Nepal nappe series, the tibetan series, the tertiary formation, the Siwalik formation.

LITHOSTRATIGRAPHY :

1 — THE NEPALESE SERIES :

These outcrop over a wide area of central Nepal. They represent the lowest formation of the range and are composed from base to top, of the following. Fig. 1, 2.

A — Quartzo-pelite series

This series whose base is unknown consists of over 3000 m of the quartzite schists. The pelitic cement is always scarce and often almost non existent and the quartz grains angular. These schists form massive beds several hundred metres thick, showing no layering and thus no lithostratigraphic markers. Locally but without widesprend development, one observes layers more pelitic, 100 m thick or more. In these a cyclic sedimentation is marked by a variation in the quantity and granulometry of the quartz grains compared to the phyllites. Each of these cycles, which gives a polarity to the rocks, is about a metre thick which is greater than seen in the overlying schists mentionned further on.

In this rather monotonous series appear intercalations whose thickness represents at least one tenth of the total. They are not continuous but lenticular and extend from 10 to 30 km. They include

a) very rare calcareous or dolomitic layers 10 m to 50 m thick

b) more commonly belts 100 m thick or more of quartzite schists or of quartzite with pelitic cement and angular quartz.

c) layers of white or clear quartzite 10 m to 100 m thick. Some of these contain horizons of quartz pebbles 5 cm thick or quartzite grit displaying grains of a few millimetres size. There are sometimes cross bedding and other criteria of polarity.

d) finally there exist a few lenticular layers of highly chloritic schists and amphibolite which represent ancient magmatic rocks or basic volcano-sedimentary material.

On the basis, of these various layers and intercalations one can establish several sedimentation areas from East to West, parallel to the axis of the range which are separated by North South faults perpendicular to this axis. It is not impossible that these faults operated for the first time during sedimentation, by a well known process, then, again during the various phases of montain building right up to the latest stages.

The whole of this series has been affected by metamorphism, the highest degree of which is characterised by the association of muscovite-biotite-almandine.

Certain areas have been less affected and only show the development of white mica and chlorite.

Remarks concerning the region of Hiunchuli.

In this region the quartzo-pelite series contains more carbonate and is frequently coloured red by iron oxide.

Other lithological differences are also noticeable, which without totaly excluding the possibility of this region having its own particular series, we attribute to a variation in facies.

The metamorphism is of the muscovite biotite-garnet type.

B — Quartzite-series

The overall thickness is 500 m but is occasionally thicker in places. Half of the series is made up of massive layers of quartzite 10 to 100 m thick. They are either white or clear fine grained layers intercaled in the quartzo pelitic schists. These quartzites are not continuous and of equal thickness across the whole of Nepal, but occur in lenses several tens of kilometres wide and up to 100 km long.

Locally the quartzites change laterally into various detrital rocks such as metaorkose and gneiss. In addition to this a few layers of amphibolite are present.

The base of the series does not always show the same lithology. This is usualy explainable from a tectonic point of view. However several cases indicate the presence of a slight local unconformity.

The same degree of metamorphism is present as in the quartzo pelitic series.

C — Grey schists and limestones and dolomites series

This series of schists 1 500 m thick, contains thick intercalations of dolomite and calcareous dolomite and to a much lesser extend layers of pink, green or black quartzites, several metres thick and in no apparent order.

The characteristic feature of these schists is the presence of sedimentation cycles 10 — 25 cm thick, quartz-phyllite, thus less thick than in the preceeding series. Above all, these schists show progressive increase in calcite content. Dispersed within the matrix of the schists are isolated areas of calcites, as well as elongated lenses of calcite grains and continuous layers of calcite a few millimetres thick interbedded with the schists.

This progressive increase in calcite content is regularly interupted by the reappearence of normal quartzopelitic schists. Carbonaceous matter invades the rocks. Near the top, locally, mainly near the base of the layer of carbonate rocks mentionned further on, one observes horizons rich in carbonaceous matter whose thickness varies from several millimetres to several metres. This particularity tends to give the rock a powdery aspect. These various sedimentation features confer a polarity on the series.

In the upper part of the series, one observes mainly carbonate beds often 100 m thick, in which can be seen :

1) At the base, numerous massive layers, several tens of metres thick, of limestones and siliceous limestone which is brown and compact at the base becoming blue and sometimes blue and white striped near the top. Thin schistose intercalations are present. Stromatolitic structures of the Collenia type occur in calcareous intercalations at the base of the series in certain localities. They frequently have a diameter of 20 to 30 cm and form columns several metres high.

2) Higher up, the schists reappear several times alternating with layers of quartzose dolomite and are accompagnied by siliceous chert which become frequent.

3) The upper most layers consist of white or pink quartz-dolomite. Generally speaking, the number and thickness of carbonate intercalations are variable depending on the regions in which they occur. The total thickness may be over 500 m and is always more than 200 m and comprises at least a third of the series.

It is certain that these intercalations are not continous layers but a succession of lenses of which some reach 100 km in length. The metamorphism is of phologopite or biotite-garnet type.

D — Red schists and limestones and dolomites series.

Higher up comes a succession of schists and dolomite. The schists are characterised by a purple red colouration due to the development of ferruginous pigmentation in the fine quartzose or carbonate matrix of the schists. They contain angular or slightly rounded detrital quartz grains, fragments of quartzite and isolated thin bands of calcite. The latter are often abundant and may constitute a third of the rocks. Carbonaceous matter occurs dispersed in the rock or concentrated into powdery layers.

Near the base and sometimes higher in the series they occurs beds of pink or green coarse grained quartzite. They are intercalated in the schists and show frequent ripple marks and cross bedding.

The thickness of dolomite contained in the schists varies according to the region : it is particularly thick in the Kali Gandaki area. At the base it is very quartzose with large quartz grains and displays current figures. The dolomite occurs in beds 10 to 15 m with intercalations of schists (total thickness 200 m).

Towards the top the beds of dolomite diminish in thickness until they are only 10 to 50 cm thick (total thickness 100 m). The schistose intercalations become thicker and show intense red colouration. This formation is overlain by beds of white dolomite containing little or no quartz (total 200 m).

In certain localities the upper layers contain Collenia displaying a much smaller diameter than those found is lower carbonate layers associated with grey schists. Also seen are layers of intraformational breccia.

The entire series is not present over the whole of Nepal and is probably restricted to a few limited basins. The degree of metamorphism is less than in the preceeding formations. Biotite is however present everywhere in the schists as is phlogopite in the carbonate layers.

E — Carbonaceous schists series and sandy carbonaceous upper series.

These both series are not mapped, for this reason, a special representation is not use on the map. We say only, when we observe on the map the presence of a sick formation on the top to the limestone dolomite series, we find currently the carbonaceous schists serie. The sandy carbonaceous upper serie, outcrop only at West of Kali Gandaki.

a) Carbonaceous schists series

This series is restricted to the following areas : the lower course from West to East of the Kali Gandaki, the courses of the Bari Khola, Lukum Khola and Beri Khola : between Rukum and Jajarkot and the Piuthan region. Its restricted extension is possibly due to deposite limited to contiguous or separated basins. A slight angular unconformity at the base of the series has been observed by the author.

The thickness is at least 1 000 m and sometimes more, particularly in the region of Piuthan.

The schists are made of phyllitic minerals and extremely fine quartz matrix (about 20 % of the rock). Calcite is rarely present. They are full of carbonaceous matter which is more abundant in some layers than others. A vague stratification is sometimes apparent but most often the schists are massive without any layering.

Intercalations are uncommon and their frequency varies with the area. They are of varying type but generally consist near the base of a layer of coarse brown or red quartzite with phyllitic cement and in the rest of the series with carbonaceous schists some metric layers of fine sandstone with perfectly rounded quartz grains.

Thin lens-shaped layers occur (10 to 30 m) at least ten kilometres long, containing sandstone with iron pigments, sandstones with calcareous cement often of a greenish colour, limestone and dolomitic limestone.

The upper part of the series is not affected by the metamorphism or is only affected locally and to a small degree ; the base shows biotite. This distribution of metamorphic zones is well confirmed in the Piuthan area.

b) Sandy carbonaceous upper series

A slight angular unconformity separates this series from the underlying formation. It comprises about 200 m thickness of carbonaceous slates and shale containing numerous intercalations with coloured often vacuolar limestones arranged in small layers, light coloured sandstones, limestones with organic debris and dolomitic breccia. The series forms synclines as for example between Piuthan and the West of Galkot, in the Kali Gandaki and in the Beri Khola where the rocks are squeezed between limestones and dolomites.

Note :

The Nepalese series in the North zone :

Formations above the quartzo-pelitic series are not so thick in the North as in the South, locally the quartzite changes laterally into detritic rocks : meta-arkose and gneiss. Limestones and dolomites are not so thick. The amphibolite and basic sills are more frequent. In addition, the formations are more limited and lenticular in shape. They present a tectonic ecaillage.

II — THE SALYANE SERIES :

Outcrops is a limited area, 30 km in diameter surrounded by the Nepalese nappe and is bordered in the South by tertiary fossiliferous formations.

It comprises : a lower series of fine grained or grey black biotite-schists containing three beds of clear quartzite (300 m thickness).

A two meter thick tilloid conglomerate with rounded blocks of quartzite and dolomite, angular or slightly rounded blocks of black biotite-schists, fine grained gneiss and microgranite and finally a series of fine quartzose biotite-schists (400 m thickness).

A higher series shows fine grained quartz-muscovite biotite schists (1 000 m thickness) containing three main beds of quartzite. Next comes a series of schists containing limestones of varying thickness which constitute two main beds of 200 to 400 m thickness.

Above are very fine grey quartz schists (500 m thickness) containing two main layers of quartzite with quartz pebbles and higher up a layer of tilloid conglomerate two metres thick containing unsorted pebbles of one to twenty centimetres, fine grained limestone and very fine metamorphic muscovite-biotite. Finally 400 m of grey or black quartzose schists.

This series is classified separately due to the presence of conglomerates of tilloid type. A correlation may be made with other Himalayan formations for example with the Blaini Krol Tal series as described from the region of Simla (500 km to the West of Salyane).

In Nepal the existence of conglomerates above the limestone constitutes an important difference which is not attributable to the series having been folded and inverted while this fact is not explainable by polarity. In addition it is possible that only the Blaini series is present at Salyane. At its type locality this series has two conglomerate levels, one polygenic and the other with mainly limestone pebbles, the two being separated by a limestone bed.

In Nepal the following differences are noticeable :

— the series especially the limestone bed, is a lot thicker

— the conglomerates contain blocks of acidic plutonic and metamorphic rocks not found at Kumaon. On the other hand both regions lack pebbles of basic eruptive rocks.

— the entire formation of Salyane is metamorphic (biotite-albite).

III — NEPAL NAPPE SERIES :

This series is widespread in the extreme West of Nepal, absent in the central region and reappears in the East in the Kathmandu nappe. It may be broken down, in order of the estimated chronostratigraphic succession, in the following way. Fig. 3.

A — Schistose series of Dullu.

This is restricted to the South of the belt around Dullu between Dailek and the Seti Khola. It is composed of fine grey schists with muscovite, biotite, garnet, carbonaceous matter and the occasional thin lens-shaped beds, of quartzite and amphibolite. The total thickness is greater than 2000 m. This formation is noteworthy, for the presence of escaping gas and the seeping of petrol from faults running WNW — ESE in certain localities. It is not possible to show that this formation corresponds with others such as the quartzo-pelite series or the carbonaceous series in the Nepalese series. It is thought that this formation is peculiar to the Nepal nappe.

Various series showing a special lithology have been formely mentionned at Ranimata, Karnali, Katila Khola and Dailek. Their limited lenght of outcrop hinders interpretation. It is possible that they represent various fragments of the nappe beneath that at Dullu. J.M. Remy 1973, b.

B — Quartzose series :

At the base this consists of thin beds (50 m) of quartzite and then quartzite schists. Beds of limestone occasionnaly occur in the upper layers and at certain other levels, lenticular beds of amphibolite are seen.

In the West certain layers of quartzite merge into gneiss. This series, with an average thickness of 2000 m, outcrops over a very long distance ; exposed in the Jaljala belt it continues west in the regions, of Jajarkot, Salyane, Dailek and beyond but probably with a leaser thickness of outcrop.

C — Calcareous series :

This is a very thick carbonate formation comprised of dolomitic limestone with quartz, calcareous phlogopite schists and schists with limestone lenses.

In the East (the Jaljala belt) there is a single bed of limestone about 2 100 m thick. In the West (the Karnali region), the series consisting of two main beds of limestone each 1 000 m thick, becomes thicker. Diopside appears.

Further West the exact extent of the series is even less certain, the various calcareous metamorphic lenses seen in Seti Khola, to the South of Dandelhura and as far as Kumaon are thought to belong to this formation.

The series is metamorphoses in the amphibolite facies.

D — Gneiss series :

This series contains :

a) alternation of biotite rich gneiss, and muscovite biotite almandite micaschists. The gneiss represent at least, a quarter of the formation. Towards the top the series becomes more quartzo feldspathic, certain layers of light coloured gneisses containing quartz, microcline, albite, muscovite with scarce biotite and tourmaline. The series is affected by migmatisation. Nebulitic facies occur locally and the rocks show a granular structure. Concordant intrusions of pegmatite also occur. The total thickness is less than 1 000 m.

b) Numerous layers several metres thick, of conglomerates containing pebbles 10 cm of diameter of quartz, with a matrix of quartz, muscovite feldspath and biotite (Odan).

c) A 300 m thick layer of white coloured pure quartzite in beds several metres thick or less.

d) A series of dark gneiss with biotite and of micaschists arranged in slabs, fine schists with muscovite-biotite and finally layers of dark gneiss rich in biotite.

e) Occasional beds of white quartzite a few meter thick and two main layers of light coloured gneiss several hundred meters thick containing muscovite biotite is also present in the series which is affected by migmatisation.

A serie of muscovite-biotite micaschists, dark coloured quartzose micaschists, fine grained muscovite-biotite schists, and finally layers of dark coloured biotite rich gneiss.

Also found are a few layers of calcite bearing schists, occasional beds of metamorphic limestone and of grey quartzite.

The thickness is over 3 000 m.

The series stretches out towards the East in the Takuriji Lekh in the direction of Chakhure Lekh where the Eastern limit of the nappe is found. Towards the West it continues across the Tila Khola, Karnali, Buriganga an then, across the regions of Silgarhi Doti, and Dandeldhura. It extends as far as Kumaon (India) where it equivalent to the Champawa granodiorite (Plagioclase An 40 or An 30, albite, K feldspath, biotite).

Connected to this formation and undoubtely above it, is a series whose lithostratigraphy is uncertain. It contains micaschists with muscovite, biotite, garnet, a few layers of dark gneiss rich in biotite. Slabs of dark quartzose micaschists, fine grained biotite muscovite, a few intercalations of calcite bearing schists, very occasional beds of metamorphic limestone and a few layers of grey quartzite about 20 m thick.

The total length from East to West is over 250 km.

The Nepal nappe in the Kathmandu region :

In this region the Nepal nappe shows a succession similar to that in the Western nappe : made up as follows.

A series of small beds of coloured quartzite and quartzite schists with biotite-garnet (thickness 500 m). Next comes a granite layer whose geometry is stratoid, although on its southern edge, contacts of an intrusif type occur locally. The granite is overlain by a mainly schistose series and this in turn by a calcareous dolomite and at the top more schists. The whole series is metamorphic, muscovite, biotite or phlogopite and almandine are seen everywhere, sillimanite and kyanite appear in certain layers.

The Godawari Phulchauki series is found in a down fallen compartment within the Nepal nappe.

The tectonic contacts with the nappe have obliterated the original relationships between the two formations.

The Godwari Phulchauki serie is a fossil bearing schisto-calcareous serie whose lower paleozoic fauna is different to that in the equivalent Tibetan series.

To the North of Kathmandu the formations are still incompletely known and are provisionally classified with the Nepal nappe.

The Nepal nappe in the Charikot region.

The lithostratigraphy of this formation is not perfectly established. However we thank this formation is a part of the Nepal Nappe.

IV — THE TIBETAN SERIES :

The following succession is generally applicable for the whole of West Nepal. Figs. 4, 5, 6.

A — The lower series (Dalle du Tibet) includes :

1 — Coarse grained gneiss (paragneiss) with plagioclase An 8 — 20, some layers contain kyanite and other more pelitic layers near the base, contain sillimanite.

2 — Gneiss (paragneiss) becoming progressively richer in layers of calcitic gneiss in which thin layers of metamorphic limestone appear several times. In the upper part of this series this limestone may make up half of the rock. The calcitic gneiss contains quartz, plagioclase, microcline, phlogopite and certain layers contain clino-pyroxéne, hornblende and garnet.

3 — a) Fissile fine grain gneiss. There is a progressive change between calcitic gneiss and the fissile gneiss, fine intercalations of calcite continue near the base and dissapear towards the top. The fissile gneiss exhibits small and very regular cycles marked by a variation in the quartz, feldspar and biotite content. The minerals are quartz, microcline, plagioclase An 25 — 29, biotite and migmatisation is present in the upper part of the series.

— b) Clear gneiss with a granitic composition sometimes shows augen structure and containing quartz, microcline, plagioclase An 20, biotite, muscovite and almandine. The gneiss is somewhat migmatised and locally shows nebulitic structure. Dykes of pegmatite are visible containing andalousite, tourmaline and garnet.

The total thickness of this series which is around 6 000 m and that of the various layers varies according to the regions. There has been a variation in sedimentation from East to West along the present axis of the belt.

The transition to the upper series if effected by fine grained gneiss and calcareous schists (about 300 m)

The upper series is composed of :

B — 1 — A formation of metamorphic limestone with plagioclase, phlogopite and garnet (the limestone of Larjung in the Kali Gandaki. The metamorphism decreases irregularly towards the top. The thickness of the formation is always quite considerable and of the order of 600 m but varies along the axis of the belt.

2 — Blue and yellow limestone forming a thick layer of calcschists and schists (limestone of Nilgiri in the Kali Gandaki) : 900 m thick. Fossiliferous (Ordovician) quartzite.

C — 1 — Next come schists and limestone with sandy layers. At the top a bed of fossiliferous black sandstone. (Silurian).

2 — Overlain by sandy dolomites of about 400 m thickness.

3 — Higher up, limestone alternates with black shales (probably Devonian) and then with black dolomite. Finally shales alternate with fine coarse, or conglomeratic sandstone. The whole series is of the flysh type with local breaks in the succession. Average thickness is about 1 000 m.

4 — Calcareous and ferrugineous sandstone and alternation of blue shale and fossiliferous limestone (Carboniferous). Occasional lacunae occur. Alternation of black shales and white sandstones which are calcareous at the top (Permian). The thickness of the series varies with the region. Local discontinuities occurs at the top of the Carboniferous and the Permian (total thickness 800 m).

D — Triassic :

A limestone and shale formation at the base overlain by shales with a few layers of sandstone or calcareous sandstone. The top is composed of green or white sandy layers (1 000 m thick).

E — Jurassic :

Massive limestones (Liassic) 400 m thick. Sandy limestone and an alternation of sandstone and shale. Limestone and shales with ferrugineous oolithic horizons (Callovian). Discontinuity. Next a thick formation of shale and black pelite with large nodules (Spiti facies). Upper Jurassic. The thickness is variable but about 500 m.

F — Cretaceous :

Light coloured sandstones with intercalations of shales, Wealdian (250 m). A system of black shales with carbonaceous deposits ; a few layers of green sandstone, calcareous sandstone or limestone ; at the top a bed of sandy limestone then an alternation of coloured shale and grey or brown sandstone. (Lower Aptian). Followed by thin belt of marly limestone with fucoid, then white limestone (Upper Aptian).

G — The Thakkhola detrital formation :

This formation which lies is unconformity contains sandstones with unsorted, unconsolitated grains conglomerates containing large blocks (10 to 30 cm and a clayey layer. The whole formation is stratified and about 1 000 m thick. The formation which fills in the floor of the valley is affected by recent faulting dropped and shows individual blocks varying in dip. The age of the formation is uncertain but is younger than the main himalayan orogenesis and older than the terraces which dominate the present day valleys.

The following series shows limited outcraps, they have a particular signification in the constitution of the range.

V — GONDWANA SERIES :

Gondwana formation is known in different localities to the East of Nepal, the thickness of this formation diminishes from East to West, and outcrops are not known to the West of the meridian of Kathmandu.

We have found near Salyane, unmetamorphosed shales which show the facies of Gondwana rocks. They are fine, grey or brown, shales with several layers containing rare pebbles (0,1 to 1 cm) of quartz and some plant remains. The thickness is about 500 m, the formation is tectonised in slabs, and each slab is alternates with crushed metamorphic rocks.

VI — THE TERTIARY SERIES :

Tertiary formations are known in Nepal. Most of them are restricted to the border of the belt and squeezed in or below the Main Boundary Thrust. They are covered by Nepalese series or by the Nepal nappe, and lie in tectonic contact on the Siwalik formation. Several outcrops of this type occur between the Seti Khola and the Karnali and also to the South of Dailek where the series is inverted.

Inside the belt, an outcrop is known in the Tensing region which lies unconformably on the Nepalese series. Its fossil content suggests an upper Cretaceous to middle Eocene age. At certain other localities inside the belt, the presence of facies similar to the tertiary fossiliferous formations, as well as the small amount or complete absence of metamorphism has led various authors to consider them as being more recent. On this basis, Sharma showed Tertiary outcrops on his map between Rukum and Jajarkot. W. Franks and G. Fuchs 1970, collected fossils of tertiary age from this region. There remains however some doubt about the position of the fossiliferous formation in the deformed Nepal region. According to our own observations it would seem that the limestone containing tertiary fossils are curshed small sheets, which have been tectonically emplaced within area of red schists or limestone and dolomite which constitutes a narrox tectonised strip on the Southern edge of the quartzo-pelitic series or they occur between the network of faults which represent the Eastern limit of the Jajarkot nappe.

The lithostratigraphy of the outcrops at Tensing, Salyane and Dailek is the following :

An alternation of grey or black shale containing crushed plant debris and coarse sandstone with quartz or gneiss or granit pebbles.

Blackish shales with iron nodules.

Several beds of coarse sandstone. Black clayed shales, red ochres which are sometimes breach.

Fossiliferous layers with Cardita (Venericardia) and Cerithes. Determination by S. Freinex and R. Rey.

Lenticular conglomeratic formations with pebble (1 — 10 cm) of quartz.

Violet shales with iron nodules containing beds of white quartzite and quartzose dolomite in their upper layers.

Red brown sandy limestone.

The total thickness is about 500 m. In the Tensing area, a thick series of violet or yellow shales containing a few layers of dolomite and coarse sandstone are classified in the same formation.

Small blocks of unmetamorphosed basic lava are present in several of the detrital layers.

VII — THE SIWALIK SERIES :

This series is very thick and is recognised as being several thousand metres thick.

It contains argilite, layers of clayey sandstone, calcareous sandstone and limestone.

Facies variation are common and the upper layers are often of coarser detrital material.

The age of the series stretches from the Miocene to Pliocene, Pleistocene.

VIII — THE QUATERNARY :

In the Kathmandu region an ancient lake is represented by thick deposits of fine stratified material, which lies upon, is intercalated with or is covered by coarser piedmont deposits.

In all the main valleys and especially those of Trisuli and Kali Gandaki one finds a complex terrace system. Four very thick interlocking terraces frequently occur, some of them 100 m thick.

The presence of discontinuities in the terrace system, along the profile of the river beds, is due to the following : either to the presence of local base level which have controlled the various infillings, or to local vertical movement after the deposition of the terraces. This movement is still occuring.

On the Southern edge of the belt, alluvial deposits extend pratically over the whole area, a part from a few hills formed by folded Siwalik series. These deposits join up with those of the Ganges plain.

Right at the foot of the belt on the Southern edge of the Mahabharat, one finds coarse conglomerate, formations with metamorphic blocks of himalayan origin, reaching 10 to 20 cm diameter. The deposits are localised and may correspond to an ancient river system existing before the present one.

Landslides :

In several place in Nepal landslides occur which affect an entire mountain side. One of these is well known from the Kali Gandaki near Lete. An event larger one exists in the upper east-west reaches of the Thulo Berri river near Tibrikot. These landslides are frequently localised around the Main central thrust.

THE AGE OF THE SERIES

1) It is not possible to ascertain the age of the Nepalese series or the Nepal nappe, due to the fact that all organic remains have been destroyed by metamorphism. At present, the stromatolites in the carbonate layers are the only remains of living organisms, their age, however, is very uncertain.

It is not impossible that a systematic search of the more favorable layers such as the graphitic, carbonaceous or limestone beds would yield done characteristic organic remains.

On a lithological basis two possibilities are suggested :

a) The Nepalese series and the Nepal nappe are equivalent to the old formations which outcrop at Kumaon. Their age would thus be Precambrian and lower or middle Palaeozoic. The Salyane series whose facies corresponds with that of Blaini-Krol-Tal would be Carboniferous, Permian and Mesozoic. This series is very restricted. One would then have to recognize a very large gap in sedimentation over the rest of the Nepal right up to the deposition of the Tertiary.

b) The authors would rather suggest that the quartzo pelitic series represents the Precambrian, and the Palaeozoic up to the Carboniferous, and that the overlying series, which show certain sedimentation features of the Gondwanian type. (carbonaceous shale, red layers), represents the upper Palaeozoic and Mesozoic. According to this hypothesis the Salyane series resulted from a local variation in sedimentation imposing the characteristics of the series designated by Blaini-Krol-Tal in other regions of the Himalayas.

2) The ages of the Tibetan series is well determined by its faunas. The only uncertainty concerns the age of the extreme base of the series which is certainly between Lower Paleozoic and upper Precambrian, but may contain small relics of old Precambrian. The Siwalik and more recent Tertiary series are well dated by their fossils.

METAMORPHISM AND MIGMATISATION

a) Metamorphism :

Geochronological measurement show two distinct phases of metamorphism in Nepal, the oldest is of Precambrian age and is common to the Himalayan belt-and the Indian peninsula. The second finished with the Mio-Pliocene. An intermediate phase of upper Cretaceous-lower Eocene age is suggested by certain measurements.

On the basis of field observations the metamorphism is pre-Siwaliks and in the Nacem-Tensing region it must be earlier than the lower Tertiary fossiliferous deposit.

Microscopic examination shows the presence of a main phase of prograde metamorphism in the rocks of the Nepalese and Tibetan series. In the Nepal nappe mineral replacements of a particularly type occur in certain spots, for example ; biotite completely replaced by chlorite, which suggests a retrograde metamorphism and a more complex history than in the other formations. In the Tibetan series, retrograde reactions are connected, in first, with migmatisation.

The type of metamorphism is different in each of the three large areas defined here. It is known that the metamorphism with kyanite and sillimanite characterises the Tibetan series ; kyanite, sillimanite in special occurences is found in certain parts of the Nepal nappe ; in the area containing the Nepalese series there is muscovite, biotite, garnet, andalusite and locally cordierite. Certain peculiarities should be pointed out : the metamorphism of the Tibetan series reaches fairly high up the lithosstratigraphic series. It reaches the Triassic at Dangar and more or less dissappears in the Devonian on the left bank of the Thakkhola. It must correspond at least for the isogrades of low metamorphic degree, to thermic domes.

The metamorphism of the Nepal nappe is also earlier than tangential phase. One can observe formation of high metamorphism grade belonging to the Nepal nappe, overlying less metamorphic Nepalese series.

In the region of the Nepalese series it can be seen that the isogrades intersect the series and in several spots probably form half dome-shaped structures.

Furthermore in all three areas, one can observe locally intense metamorphic transformations. Some of them are related to various intrusions particularly, of pegmatite and others are related at migmatisation.

Dynamic metamorphism has affected the very large tectonic zones which are characteristic of the belts final tectonic phase.

In Nepal as in other regions of the Himalayas one finds sections which apparently show an inverted metamorphism.

In West Nepal, some cases are due to an abnormal tectonic superposition (South of the Jaljala nappe). Others cases related to the Main Central Thrust are difficult to interprete.

If we admit that there is no incertitude on the limit actually chosen for the base of the Tibetan series, the inverse metamorphism can result from the dome or half dome shaped disposition of the isograde in the structure of the Nepalese series. This disposition of isograde was earlier than the thrust affecting the Tibetan series.

In certain regions other causes may play a role, namely the presence of pegmatites and microgranite dykes suggest that thermal metamorphism may be superposed in a regional metamorphism.

Theses problems are being studied.

b) Migmatisation

Migmatisation has affected the metamorphic series in Nepal. In the Tibetan series, stratoid migmatites are developed in the basal series (Dalle du Tibet) or more precisely speaking this is in the upper part of the fine grained gneiss containing quartz, microcline, plagio An 29 − 35, biotite, and also in the clear augen gneiss granitic in composition and containing ; quartz, microcline, plagioclase An 20, biotite, muscovite and almandin.

The mobilisation is generally concordant. However, discordant bodies sometimes occurs and are often rich in tourmaline. Numerous veins of garnet-tourmaline pegmatites occur in these zones.

The migmatisation is less developed in the Nepal nappe. However in the gneissic unit in West, one finds a localised type of migmatisation which mainly appears in gneiss with quartz, microcline, albite, muscovite and some biotite (South of Jumla) or in gneiss with plagioclase (Dandeldhura).

GRANITES

Granites are very rare in Nepal. The granite in the Tibetan series is leucocratic, alkaline, and contains microcline, albite, muscovite and biotite and is often rich in tourmaline. These massifs are related to migmatisation and to mobilisation of gneiss of an equivalent granitic composition (Massif of Manaslu and of Mustang).

A few small quite homogeneous areas of light coloured alkaline granite occur in the Nepal nappe. They lie conformably or are slighty intrusive, they contain : microcline, albite, muscovite, biotite. Other massifs have a granodioritic composition (Dandelhura region, Karnali valley, downstream of Jumla). These granites are related to the migmatised zones and their original composition.

In certain regions, there exists an important pegmatitic phase where some pegmatites are connected to the granitic massifs, while others are dispersed all over Nepal. The age and origin of the latter have not yet been studied.

BASIC MAGMATISM

a) Layers of chlorite schists and amphibolite, representing ancient volcano-sedimentary material, are the result of basic magmatic activity contemporary with or previous to the deposition of the Nepalese and Nepal nappe series. In place, one can see a relationship between the thickest basic layers and the thick beds of pure white quartzite. This could have resulted from the transformation of an ancient acidic magmatic material of the ignimbritic type.

The irregular distribution of these formations along the belt axis, should allow one to ascertain the whereabouts of these centres of ancient magmatic activity.

b) Present in the Nepal nappe and in the Nepalese series, are intrusive masses in the form of sills or small laccoliths of limited dimensions which are due to a different type of basic activity. These are composed of gabbros or diorites and sometimes of basic lavas of a doleritic structure. From the point of view of general metamorphism these rocks have hardly been changed. Their distribution is as follows.

To the North near the Main central Thrust, the intrusions have affected the Nepalese series and the Nepal nappe, but further to the South they are more or less restricted to the Nepal nappe. The more important massif outcrop in west of Salyane, along the Berikhola, they continue accross the Karnali, may be, they extend as far as Kumaon.

c) The last of these basic activities is shown by the presence of small blocks of basic lava, which are unmetamorphosed and occur, as detrital matter, in various layers of the tertiary formations of Nepal. Localised volcanic activity on a small scale is thus posterior to the main phase of metamorphism and earlier than the Tertiary.

STRUCTURAL CHARACTERS figs 7 to 11

The major features of the Himalayan belt are also seen in Nepal, such as from South to North the overthrusting edge : the Main boundarie Thrust, which delimits the belt ; an intermediate zone where the Nepalese series and the Nepal nappe outcrop and further to the North, the Main central Thrust and the Tibetan series.

A — Zone of the Nepalese series :

In the North, a vast antiform lies parallel to the axis of the belt and has long been recognised in the past as a very evident structure. It is mainly composed of the quartzo-pelitic series. Its sedimentary polarity and schistosity indicate a normal depositional sequence. The antiform is clearly visible in the central region between the Trisuli and the Kali Gandaki and stretches out from East (Sun Kosi) to West (Mayandi, Hiunchuli) for more than 400 km. The importance of the ancient axial undulation is difficult to estimate. This is because of wrench faulting running NNE − SSW, which has caused the offset of various compartments, and because of folds of wide radius which have developed later, at right angles to the belts axis.

On the Southern side of the antiform the series of quartzites, grey schists and limestones lie on top of the quartzo-pelitic series. This stratigraphic sequence, with some quite large unconformities, is well shown in the Pokhara-Gurka region, and in other regions either it has suffered flexures and faults or local structures have imposed a more severe and complex tectonic pattern, Jaljala nappe syncline, Lungri Khola and Jajarkot in the West, and the crushed zone of the Trisuli in the East. Further to the South approaching the edge of the belt the series have been affected by a succession of tight folds such as are found all over the Himalayas. Simple and over thrusting folds are seen as well as tectonic slices.

On the Northern slope of the antiform the same succession of quartzite, grey schists, limestone and dolomite series are present, but are less thick and probably incomplets.

Along the belt axis from East to West these are considerable variations in facies and thickness.

It is important to note that the Mugu Karnali outcrop continues out of the West and joins up with a similar series at Kumaon (India).

It is not possible to show conclusively whether the upper series (ie : quartzite, grey schists, limestone and dolomite) originally covered the whole of the quartzo-pelitic series, or composed two separate furrows, running North-South which belonged to an ancient pre existing antiform. The series of red schists, limestone and dolomite is probably restricted to the Southern edge of the ancient antiform.

In conclusion we note the instability of that region during the sedimentation, the presence of zones of distension and their variations causing several zones of sedimentation disposed along the axis of the belt. One observes also important variations in thickness of several layers, especially carbonaceous layers. Lacuna in sedimentation, and small unconformities exist. The latter are expected at the base of the Quartzite serie, and more clearly at the base of the red schist serie, and graphitic schist ; lastly one observes an unconformity at the base of the quartzo-carbonaceous series.

The nappe structure of the Nepalese series is a questionable matter.

In 1959, T. Hagen pointed out the presence of a tectonic window in the Pokhara region which showed up an underlying series. The nappes structure of the Nawakot formation which partly corresponds to the Nepalese Series defined in this paper, was thus established. This hypothesis however must be discarded, due to the lack of convining evidence proving the existance of a window. According to G. Fuchs, 1965, a formation identical to the Simla slates but which may include Jaunsar and Blaini, appears in several windows open in a lower nappe which partly corresponds to the Nepalese Series. However the discovery of tertiary fossils in the formation which outcrops in the window (Remy, 1966), forces one to abandon this interpretation.

In conclusion, no observation is indicative of the nappe structure of the Nepalese Series. However it is certain, the series have been transported Southwards, but at present, no facts are available which indicate the magnitude of this movement.

B − The Nepal nappe :

The greatest extent of the Nepal nappe is in the Karnali region where it reaches 150 km from North to South. To the West it joins up equivalent nappes at Kumaon (India), and to the East it is restricted to a narrow zone folded into a synform (Jaljala) which closes at Barigad Khola. Much further to the East and in a similar position, one finds the nappe in Kathmandu region, Charikot region.

The following facts confirm the existance of the nappe :

− In the Mugu Karnali and Humla Karnali regions, an open window in the nappe shows up the Nepalese series and in particular the limestone series. In the East, the window is obscured by an extension of the Tibetan nappe, which jointly covers : the Nepalese series which appear in the windows, and the Nepal nappe. Towards the West, the window becomes progressively wider, over a distance of 150 km.

— In the Hiunchuli region a half window is formed by the Chakhure Lekh, Takurji Lekh and the Jaljala belt. Finally the North-South antiform belonging to the last phase, which separates the nappe of western Nepal from that in Katmandu, can be regarded as a gigantic half window 200 km long and 100 km wide.

The structure of the Nepal nappe

The Nepal nappe is composed of several units. The first and lowermost, is the Dullu series which is very restricted. The units of Ranimata, Karnali, Katila Khola and Dailek are perhaps even lower. Next, comes an intermediate unit, comprising the quartzite series and limestone series, both of which are very extensive. The final unit is mainly composed of micaschistes, gneiss migmatite, and some granites. It is very extensive to the West and is absent on the Jaljala belt and the region of Jajarkot. It is possible that this formation has been thrusted on the underlying units.

The nappe shows the following main features. It is contained within N — S synforms perpendicular to the belt axis, and is divided up by faults running N — S into several compartments each of which is itself folded.

Other structures are related to the antiform mentionned earlier which affects the Nepalese series. The position of the nappe in Jaljala belt should be included amont these structures. The particular structures seen around the Mugu and Humla window are due to NS antiform shaped deformations linked to the extension of the Saipal Tibetan series to the West, and to that of the Kanjiroba Tibetan series to the East. As is the case for the other formations, the nappe shows a series of very tight often faulted folds in the neighbourhood of the Main boundary Thrust which delimits the belt to the South.

The origin of the nappe :

The lithostratigraphy of the Nepal nappe shows terms equivalent to those in the Nepalese series, but with the following pecularities ; a series with higher detrital content and richer in quartz, a smaller thickness of carbonate levels, a greater number of layers of volcano-sedimentary origin, basic in particular (amphibolite), and the presence of very localised basic magmatic intrusions. There is also a variation in facies and in formation thickness as one travels from East to West along the axis of the belt. These various characteristics suggest that the two areas of sedimentation were juxtaposed. The series of the Nepal nappe having deposited to the North of the sedimentary basin of the Nepalese series. The roots of the nappe are not visible as they have been covered by a southward movement of the Tibetan series.

C — The Tibetan series :

The basal series (Dalle du Tibet) shows a regular dip to the North and remarkably simple structure apart from one small amplitude folds.

Schistosity running WNW — ESE, locally deform structures whose axis runs nearly N — S, this is the same direction as the Precambrian folds of the Indian peninsular. Areas of complex metamorphic recristallisation also occur. For these reasons one may suppose the existance of old Precambrian rocks which where folded prior to the recent Himalayan tectonic phases. However the restriction of these rocks to the base of the series, their rare occurence, small volume and their proximity to the Main Central Thrust, renders the interpretation of the facies rather difficult.

In the overlying layers, the limestone series shows a huge recumbent fold towards the North in the central region including Dolpo, Thakkhola and Manang. The axis of the fold tends to rise from East to West. Then, we observe vast syncline verging towards the North, includes the Palaeozoic and Mesozoic series. Further North, we cross a number of open folds.

Another important structural character is due to a series of faults running NNE — SSW, which divide the region of Thakkhola into several compartments. These faults are very old and correspond to a mobile zone, which is responsable for variations in formation thickness and facies, along the axis of the belt. These faults now, show a large vertical componant which increases from North to South. To the East, the Manaslu interrupts the regular features seen in the central region, the architecture of this area is still little known.

D — Tertiary basins.

Most of Tertiary formations are localised near the Main Boundary Thrust and squeezed between fault planes (South-West of Piuthan, Dang, Dailek etc...).

That position indicates a translation of the nepalese zone and of the Nepal nappe to the South.

At certain other localities, the Tertiary formation are situated inside the belt (Tensing, Beri Khola). They lie on the Nepalese series, are tectonised and occur between the network of faults.

These tertiary formations never overlie very ancien series by sedimentary transgression, like we observe in other regions (Simla).

Another important structural character is due to the oblique disposition of these last basins, with respect to the axis of the belt. It implies a particular orientation of the distension during the Tertiary.

THE STRUCTURE OF THE BELT

The overall structure of the belt results from the following phases : a period of distension and subsidence gives rise to several extensive areas of sedimentation. In one of them, situated to the South (Nepalese series) accumulated more than 3.000 m of fine detrital material (quartzo-pelitic series) ; then, as a result of changes in deformation and in origin of the material, basins showing a special lithostratigraphy were formed. As is suggested by several layers containing Collenia they were often shallow. The total thickness of material deposited is about 3 700 m.

Another zone situated to the North contains coarser and more detrital deposits and the series is thick (Nepal nappe series, maximum thickness 5 800 m).

A more northerly zone connected to the Tethys sea received material of the Tibetan series. The thickness of the latter is of the order of 6 000 m for the basal series and 9 000 m for series representing the lower Palaeozoic to the Cretaceous.

Small deformations recurring several times have caused several lacunae and discontinuities in these series.

Each of these sedimentation zones is composed of several basins which followed one another from East to West. This explains the changes in facies and thickness along the axis of the belt which characterises the older series of Nepal and all the series in Tibet.

This characteristic is due to the repeated movement of that part of the Indian shield contained in the Himalayan belt.

Several new facts are noticeable in the more recent series :

— The series of red schists, limestone and dolomite in the Nepalese series may correspond to more restricted basins arranged more obliquely to the belt axis than the preceeding ones. The same would apply for the upper sandy carbonaceous series. This would have been due to a change in direction of the deforming forces during this period.

The Salyane series is not sufficiently well preserved in Nepal to draw any conclusions about its structure, it may well be the equivalent of Blaini or Blaini-Krol-Tal.

One may suppose that localised distension created a small basin where this series was deposited.

A compressional phase followed by a period of erosion preceded the deposition of the Tertiary series. The latter lies in unconformity on the Nepalese series and perhaps also on the Salyane series and Gondwana formation.

The presence of unmetamorphosed fragments of lava in the sediments indicates that basic volcanic activity occurred after the metamorphism, but was prior to the tertiary deposits. The scarcity of this material suggests a small amount of localised activity.

The lithology indicates that there was a single sedimentary basin for the outcrops at Tensing, Dang, Dailek, this may be extended between Tensing, Barigad, Nisi, Beri and Sama Khola. This suggests that the tertiary basin in the South was fed by a channel running NW – SE. If this is the case, the arrangment of the basins indicates that the corresponding zones of distension were orientated obliquely to the belt axis.

A major phase of compression formed the tangential structures ; ie ; the positioning of the Nepal nappe whose apparent movement to the South East is at least 150 km.

At the same time the overthrusting of the Tibetan formation took place. It has not been possible to calculate the horizontal movement that accompanied the deformation. It is also likely that the Nepalese series were displaced to the South by an unknown amount.

Later weaker compressional phases affected the formations. To the North they gave rise to a very elongated antiform parallel to the axis of the belt. To the South they formed a succession of folds parallel to the Main Boundary thrust in the Nepalese series and in the Nepal nappe.

The joining up of these two zones is marked by a flexured fold which is occasionally faulted (South of Pokhara) and also by more complex folds (Kali Gandaki, Trisuli, Beri Khola).

A different play of forces formed the structures running NNE – SSW which have the same trend as the Precambrian orogeny. Early movement with this trend occurred during sedimentation. Major transcurrent faulting occurred during the major tectonic, those off setting different units and were accompanied by some vertical movement.

Later on, an ondulation of the belts axis occurred, and it is in the synform thus created, that the Nepal nappe is preserved to day.

A very extensive third phase caused the tightering of the whole belt, and deformed all previous structures including schistosity and produced an important new schistosity.

This phase with its strong vertical component is responsable for the Main Boundary Thrust which delimits the belt in the South. This fault has very strong northerly dip which probably levels out deeper down. It affects the Nepalese series as well as the Nepal nappe and all previous deformations. Being later and of greater magnitude than all other local structures, as well as occurring along the entire Himalayan belt, this fault constitutes a phenomenon whose origin must be sought elsewhere than among the other major tectonic factors.

A similar phenomenon of the same magnitude is seen in the Main Central Thrust with the difference that this affects only the Tibetan series in Nepal.

Finally, it is necessary to point out that vertical movements are still occurring, which cause the quaternary terraces to slide into each other by as much as 100 m. They cause the terraces to stip and disturb the equilibrium profiles of rivers.

Erratum : On the map, the compartement centered on 81°39' Long E, 28°45' Lat N contains gneissose rocks.

AKNOWLEDGMENTS

I am deeply indebted to the Nepal Geological Survey for interest in my study.

I wish to thank in particular the Geological Commission of the C.N.R.S. the members of the R.C.P. 253, and of the Laboratory of Petrology Montpellier, the Scientific Commission of the Club Alpin Français. Then, the porters and the Nepalese people of the mountains who helped me, without whom the field study would not have been realised.

J.M. REMY

Laboratoire de Pétrologie
Université des Sciences

Montpellier
(France).

BIBLIOGRAPHIE

BIBLIOGRAPHY

I — Ouvrages généraux sur le Népal — General works on Nepal

AUDEN J.B., 1935 — Traverses in the Himalaya. Rec. Geol. Surv. India 69 (2) p. 123-167.

BORDET P., 1970 — La structure de l'Himalaya. Bull. Assoc. Géogr. 379-80 p. 59-66.

GANSSER A., 1964 — Geology of the Himalaya. Elsevier (Nepal p. 145-162).

HAGEN T., 1951 — Preliminary note on the geological structure of Central Nepal. Verh. Schweiz. Natur. Ges. 131 p. 133-134.

HAGEN T. et HUNGER J.P., 1952 — Uber Geologish — Petrographische Untersuchugen in Zentral Nepal Schweiz Min. Petr. Mitt. Vol. 32 p. 309-333.

1954 — Uber die räumliche Verteilung der Intrusionen in Nepal Himalaya Schweiz. Min Petrogr. Mitt. 34 p. 300 — 308.

1956 — Das Gebrige Nepals. Sonderabdruck. Die Alpen 38 (5, 6 et II) p. 1 — 31.

1959 — Uber den Geologischen Bau des Nepal Himalayas. Jb. St Gall. naturw. Ges, 76, p. 3 — 48.

KRUMMENACHER D., 1966 — Nepal Central — Géochronométrie des séries de l'Himalaya. Schweiz. Min. Petr. Mitt. 46, 1 — 43.

KHAN R.H., TATER J.M., 1969 — An outline on the Geology and mineral ressources of Nepal. Nepal Geol. Survey. Katmandu 15 p.

Le FORT P., 1973 — Les leucogranites à tourmaline de l'Himalaya sur l'exemple du granite du Manaslu, Népal Central. Bull. Soc. Geol. Fr. 15.56. p. 555-561.

MEDLICOTT H.B., 1875 — Note on the geology of Nepal. Rec. Geol. Surv. India 8, 4, p. 93 — 101.

SHARMA C.K., 1969 — Geological map, Nepal. 1/1.408.000. Rep. Gr. Water Sec. Dept. Hydr. Meteo. Kathmandu.

1973 — Geology of Nepal. M.R. Sharma edit. Kathmandu.

VALDIYA K.S., 1964 — A note on the tectonic history and the evolution of the Himalaya, Intern. Geol. Congr. Delhi. Sect. 11, p. 283.

II — Publications sur l'Ouest Népal — Publications on West Nepal.

a) — Séries Tibétaines — Tibetan Series

BODENHAUSEN J.W.A., EGELER C.G., 1971 — On the Geology of the upper Kali Gandaki valley, Nepalese Himalayas. Koninkl. Nederl. Akad Wetensch. Amsterdam. Ser. B, 7, 5, p. 526 — 546.

BORDET P., CAVET J., PILLET J., 1959 — Sur l'existence d'une faune d'âge silurien dans la région de Katmandu (Himalaya du Népal) C.R. Acad. Sc. Paris 248, p. 1 547 — 1 549.

BORDET P., 1960 — La faune silurienne de Pulchauki près de Katmandu (Himalaya du Népal). Bull. Soc. Geol. Fr. Ser. 7, p. 2 — 3.

BORDET P., 1961 — Recherches géologiques dans l'Himalaya du Népal. Région du Makalu, Edit. CNRS Paris. (Takkhola p. 215 — 216).

BORDET P., KRUMMENACHER D., MOUTERDE R., REMY J.M., 1964 — a) Remarques sur la stratigraphie de la vallée de la Kali Gandaki. C.R. Acad. Sc. Sec. D, vol, 259, p. 414 — 416.

b) Sur la tectonique des séries affleurant dans la vallée de la Kali Gandaki. C.R. Acad. Sc. Sér. D, vol. 259, p. 854 — 856.

c) Sur la stratigraphie de la série secondaire dans la vallée de la Takkhola. C.R. Acad. Sc. Sér. D, Vol. 259, p. 1425 — 1429.

d) Sur la Géochronométrie par la méthode K/A des séries affleurant dans la vallée de la Kali Gandaki. C.R. Acad. Sc. vol. 260, p. 6409 — 6411.

BORDET P., COLCHEN M., LEFORT P., MOUTERDE R., REMY J.M., 1968 — Données nouvelles sur la géologie de la Takkhola, Himalaya du Népal, Bull. Soc. Géol. Fr. t. 9, n° 6, p. 883 — 896.

1971 — Recherches géologiques dans l'Himalaya du Népal, région de la Takkhola 279 p. Edit. CNRS.

BORDET P., COLCHEN M., LEFORT P., 1970 — Sur la géologie des pays de Nyi Shang et de Nar. Himalaya du Népal. C.R. Acad. Sc. D. 271, p. 1237 — 1240.

1971 — Carte géologique de Nyi Shang et de Nar. Népal. Edit. CNRS

EGELER C.G., BODENHAUSEN J.W.A., DE BOOY T., NIJUIS H.J., 1964 — On the Geology of Central West Nepal — A preliminary note. Inter. Geol. Congr. Delhi, Pt. 11, p. 101 — 122.

FUCHS G., 1964 — Beitrag zur Kenntnis des Palaozoikums und Mesozoikums Tibetischen zone in Dolpo (Nepal Himalaya) Verhandl. Geol. Bundesanst. 1964 — 6 — 15, Wien.

1967 — Zum Bau des Himalaya. Osterr. Akad. Wiss. Math-Nat. Kl. Denkschr. 113, p. 1 — 211 Wien.

HAGEN T., 1959 — Géologie des Takkhola (Nepal) Eclog. Geol., Helv. 52, p. 709 — 719.

1968 — Report of the geological Survey of Nepal II. Geology of Takkhola including adjacent area. Mem. Soc. Helv. Sci. Nat, T. 86, 160 p.

ICHAC M., PRUVOST P., 1951 — Résultats géologiques de l'expédition Française de 1950 dans l'Himalaya. C.R. Acad. Sc. Paris, t. 232, p. 1721 — 1724.

STRACHAN I., BODENHAUSSEN J.W.A., DE BOOY T., EGELER C.G., 1964 — Graptolites in the Tibetan zone of the Nepalese Himalayas, Geol. en Minbouw, 8, 43, p. 380 — 382.

WALTHAM A.C., 1972 — A contribution to the Geology of the Annapurna and Nilgiri Himals. Geol. Mag. vol. 109 n° 3, p. 205 — 214.

b) — Série Népalaises — Nepalese Series

BORDET P., 1961 — Recherches géologiques dans l'Himalaya du Népal. Région du Makalu Edit. CNRS, Paris. (Ouest du Népal p. 213 — 215).

FUCHS G., FRANK W., 1970 — The Geology of West Nepal between the rivers Kali Gandaki and Thulo Beri. Jahrb. Geol. Bundesanst. Sonderband 18, p. 1 — 108.

Geological investigations in West Nepal and their significance for the Geology of Himalayas. Geol. Rundschau Bd. 59 p. 553 — 579.

HASHIMOTO S., 1959 — Some notes on the geology and petrology of the southern approch to Mt Manaslu in the Nepal Himalaya. Jour. Fac. Sci. Hokkaido. Univ. Ser. 4. vol. 10, p. 95 — 110.

HASHIMOTO S., 1973 — (Supervisor) et al. Geology of the Nepal Himalaya. Hokkaido Univ.

REMY J.M., 1966 — Sur la stratigraphie et la tectonique des séries affleurant au Sud de la vallée de la Kali Gandaki (Népal central). C.R. Acad. Sc. t. 263, p. 1553 — 1555.

1967 — Stratigraphie des séries affleurant au Nord des vallées de la Trisuli et de la Kali Gandaki et dans la région de Piuthan (Népal central). C.R. Acad. Sc. t. 264, p. 9 — 12.

1971 — Etude géologique de la Lungri Khola, Ouest du Népal Long. 82° 45 E. Lat. 28° 15 30 N — C.R. Acad. Sc. Sér. D, t. 272, p. 1339 — 1342.

1972 — a) Résultats de l'étude géologique de l'Ouest du Népal, les séries Népalaises. C.R. Acad. Sc. Ser. D, t. 275, p. 2299 — 2302.

b) Les séries de la nappe du Népal, de la zone des écailles, et de la zone tibétaine. C.R. Acad. Sc. Sér. D., t. 275, p. 2459 — 2462.

c) Analyse structurale et présentation d'une carte géologique de l'Ouest du Népal. C.R. Acad. Sc. Ser. D., t. 275, p. 2595 — 2598, 1 carte hors texte.

1973 — a) La formation de Salyane dans l'Ouest du Népal (Himalaya). C.R. Acad. Sc. Sér. D. t. 276, p. 1653 — 1656.

b) Etude géologique et pétrographique de la nappe du Népal dans la région de Dailek, Jumla, Ouest du Népal (Himalaya). C.R. Acad. Sc. Sér. D. t. 277, P. 821 — 824.

c) Carte geologique du Népal. Ouest du Népal éch. 1/506.880. CNRS edit.

1974 — a) General geology of West Nepal. International Seminar on Tectonic and Metallogeny of South East Asia and Far East. Geol. Surv. India Calcutta, 1974, p. 99 — 100.

b) Le métamorphisme et ses divers types dans l'Ouest du Népal (Himalaya). C.R. Acad. Sc. Sér. D. t. 279, p. 461 — 464.

LOG LITHOSTRATIGRAPHIQUES
DES SÉRIES DU NÉPAL

LITHOSTRATIGRAPHIC COLUMN OF
THE SERIES OF NEPAL

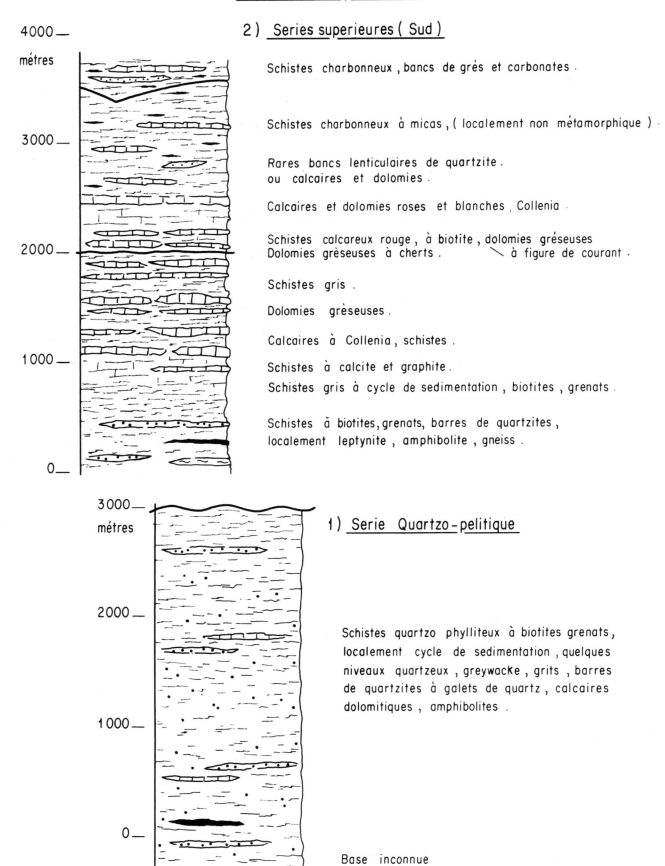

Figure 1

Series Nepalaises

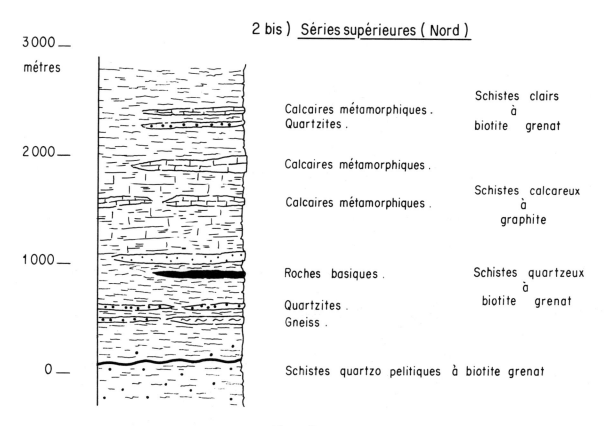

Figure 2

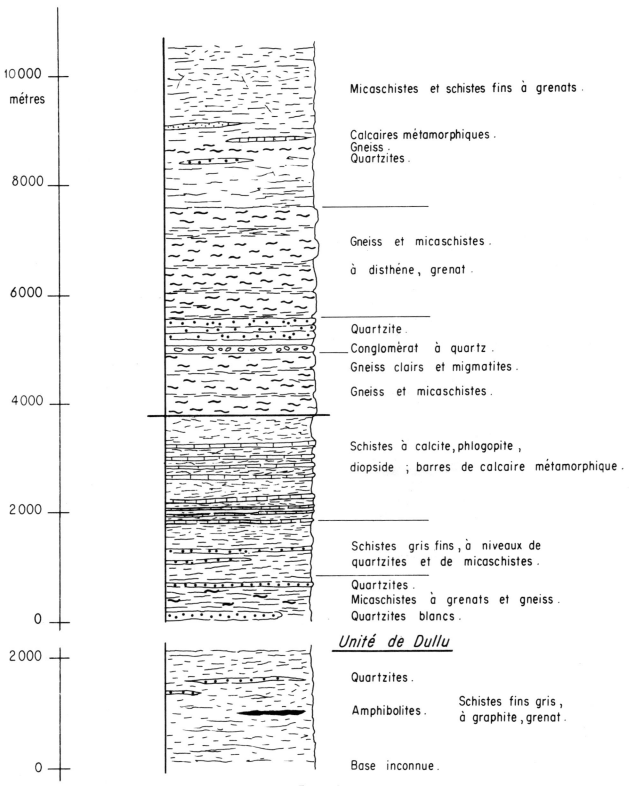

Figure 3

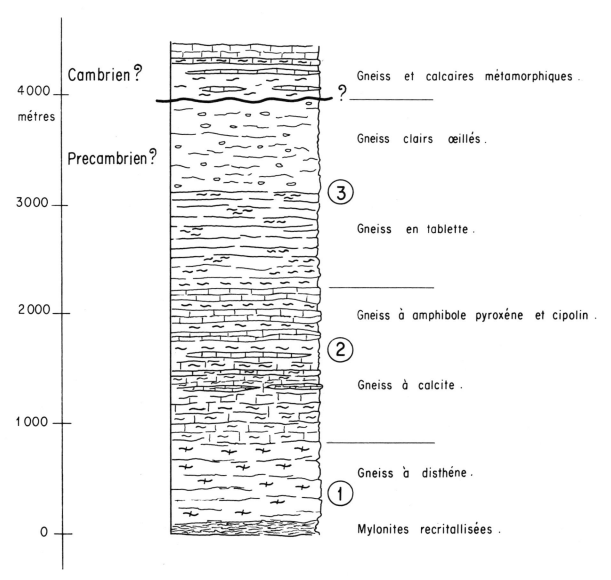

Figure 4

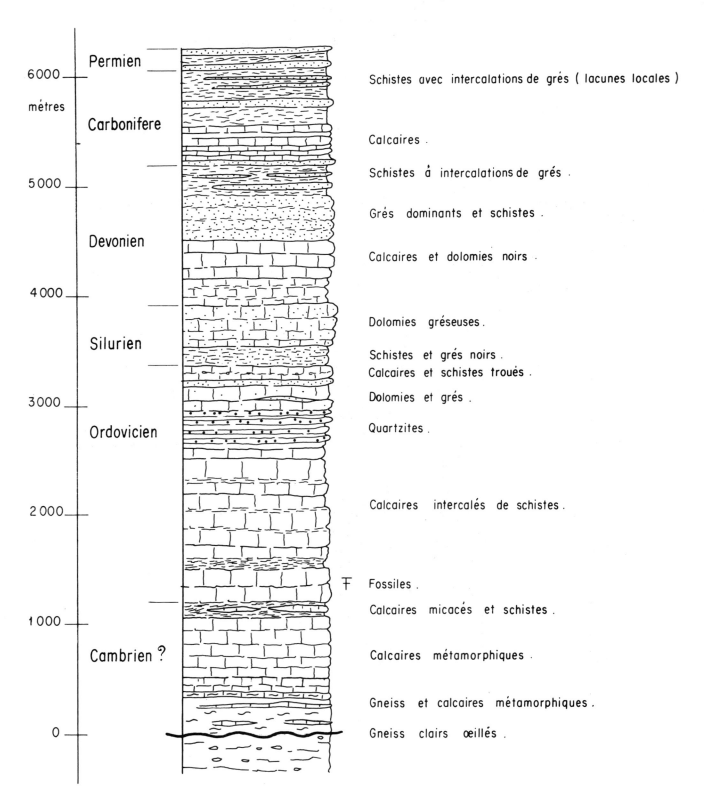

Figure 5

Serie Tibetaine

Secondaire et Tertiaire

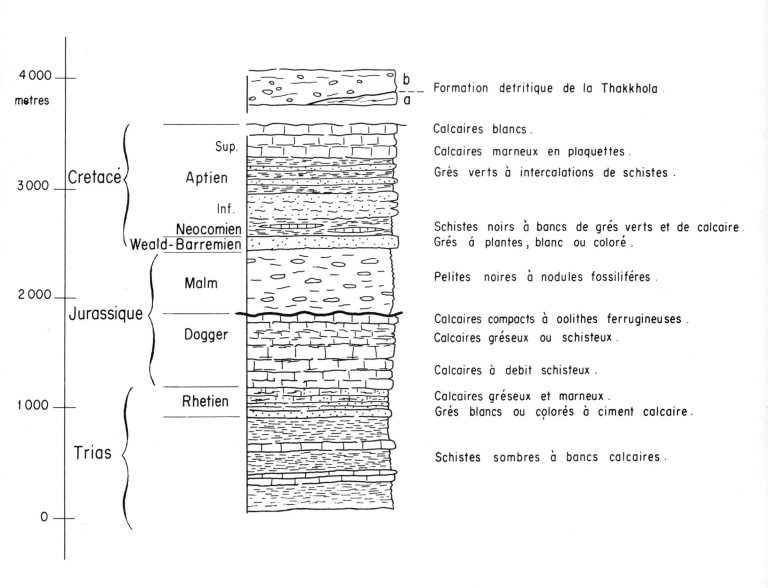

Figure 6

COUPES GÉOLOGIQUES

GEOLOGICAL SECTIONS

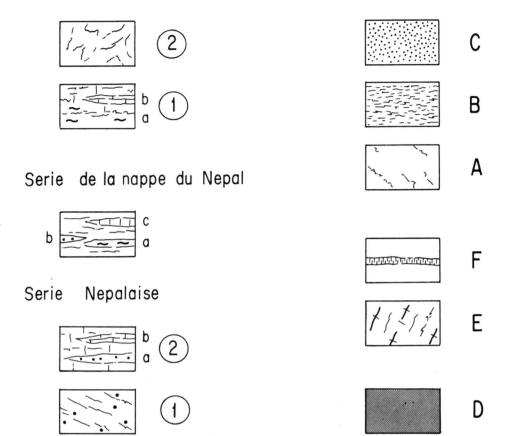

Légende des coupes :

Série tibétaine

a — Gneiss — b — calcaire métamorphique et gneiss à silicates calciques.

Série de la nappe du Népal

a — gneiss — b — quartzite
c — calcaire et dolomie métamorphiques

Série Népalaise
1 — Série quartzo pélitique
2 — Série supérieures
    a — quartzite —
    b — calcaire et dolomie métamorphisées

C — Quaternaire

B — Tertiaire

A — Formation des Siwaliks

F — amphibolites et roches basiques

E — Granite

D — Socle

Figure 7 — Légende des coupes